データと写真が明かす

命を守る住まい方

地震に備え　生存空間を作ろう

中川洋一　著

近代消防社　刊

まえがき

　地震が起きた瞬間、人はどのような危機的状況に追い込まれるのだろうか。そして、何が『直接の原因』となって死んだり怪我をしたりするのだろうか。このような、死傷時の状況が個々具体的に明らかになれば、次の地震に備える有効な手立てがいくつも見つかるであろうし、事前対策を施せば、死傷する危険性を小さくすることができるだろう。

　それを探る目的で、本書では、過去の地震被害の再検証とその背景分析、そして対応策の構築を試みた。被害分析には、地震発生の際に関係省庁から発表される速報など公開資料のほか、研究機関による報告や統計資料などを使った。これらに、筆者自身の現地調査で得られた証言や映像資料などを突き合わせ、人を死傷させる状況の解明を試みた。

　検討の対象としたのは1995年の阪神・淡路大震から2016年の熊本地震までの間に起きた被害地震のうち、「震度6弱以上で、なおかつ死傷者が180人を超えたもの」とした。抽出の結果、〈別表〉のとおり14件が挙がってきた。これらについては一通りの検討を加えたうえ、必要に応じてこれ以外の地震にも触れた。

　地震災害といえば「建物の倒壊➡圧死」のイメージが強いが、実際にはどうなのだろう。建物やそれを支える敷地はどのような壊れ方をするのだろうか。落下物や転倒家具による室内災害はどんな様相をみせるのだろうか。こうしたことを追求するうちに、思いがけない災害タイプがあることも明らかになった。それは、主に心的原因による死傷事故である。

　筆者は、1978年の伊豆大島近海地震以来、被害地震が起きるたびに被災地に入って災害の実像をこの目で確かめ、被災者の体験に耳を傾け、それらを記録に残してきた。こうした過去の災害記録を精査して意味ある情報を引き出し、それをまとめたものが本書である。大所高所からの防災論ではない、ヒトの目線の高さで論じた防災論である。

　地震で死なない、ケガをしない、そんな安全な環境を整えるために、過去の地震から読み取れることを、ぜひ次への事前対策につなげてゆこう。必要となる対策は個々の家庭が置かれた環境によって異なるだろう。「我が家では何が課題になるのか？」、それを見つけるうえで本書が一つの手がかりになれば幸いである。

2016年秋

中　川　洋　一

<別表>

本書で検討した主な被害地震

(単位：人、棟)

発生年月日	時刻	震度	M	深さ km	震央	地震の名称	死者	行方不明	重傷	軽傷	全壊	半壊	一部損壊
平成7 1995/1/17 (火)	5:46	7	7.3	16	淡路島	阪神・淡路大震災	6,434	3	10,683	33,109	104,906	144,274	390,506
平成12 2000/10/6 (金)	13:30	6強	7.3	9	鳥取県西部	鳥取県西部地震	0		39	143	435	3,101	18,544
平成13 2001/3/24 (土)	15:27	6弱	6.7	46	安芸灘	芸予地震	2		43	245	70	774	48,994
平成15 2003/7/26 (土)	7:13	6強	6.4	12	宮城県北中部	宮城県北部の地震	0		51	626	1,276	3,809	10,976
平成15 2003/9/26 (金)	4:50	6弱	8.0	45	釧路沖	十勝沖地震	0	2	69	780	116	368	1,580
平成16 2004/10/23 (土)	17:56	7	6.8	13	新潟県中越地方	新潟県中越地震	68		633	4,172	3,175	13,810	105,682
平成17 2005/3/20 (日)	10:53	6弱	7.0	9	福岡県西方沖	福岡県西方沖地震	1		198	1,006	144	353	9,338
平成19 2007/3/25 (日)	9:41	6強	6.9	11	能登半島沖	能登半島地震	1		91	265	686	1,740	26,958
平成19 2007/7/16 (月)	10:13	6強	6.8	17	新潟県上中越沖	新潟県中越沖地震	15		330	2,016	1,331	5,710	37,633
平成20 2008/6/14 (土)	8:43	6強	7.2	8	岩手県内陸南部	岩手・宮城内陸地震	17	6	70	356	30	146	2,521
平成20 2008/7/24 (木)	0:26	6弱	6.8	108	岩手県沿岸北部	岩手県沿岸北部の地震	1		35	176	1	0	379
平成21 2009/8/11 (火)	5:7	6弱	6.5	23	駿河湾	駿河湾の地震	1		19	300	0	6	8,672
平成23 2011/3/11 (金)	14:46	7	Mw9.0	24	三陸沖	東日本大震災	19,533	2,585	700	5,345 程度不明 185	121,768	280,160	744,396
平成28 2016/4/14 (木) 4/16 (土)	21:26 1:25	7 7	6.5 7.3	11 12	熊本地方	熊本地震 (暫定値)	110		812	1,491	8,184	29,447	137,111

[気象庁データ] [消防庁データ]

※M：マグニチュード Mw：モーメントマグニチュード

もくじ

まえがき

本書で検討した主な被害地震

第1章　過去の地震被害を再検証する　　1

第1　2016年　熊本地震（暫定値）　2回の震度7で激甚な被害　　2
　　1　2回にわたる震度7　そのとき人は……／3
　　2　住宅の壊れ方に様々なタイプ／12
　　3　人はどのような状況で死傷したか／21
　　4　大被害をもたらした双子の地震／22

第2　2011年　東日本大震災［その1］　津波はこのように人を襲った　　29
　　1　街の中心が忽然と姿を消した／29
　　2　体験者たちの証言／36
　　3　ＧＰＳ波浪計がとらえた津波の姿／45

第3　2011年　東日本大震災［その2］　全貌不明の建物被害　　47

第4　2011年　東日本大震災［その3］　もう一つの大災害　地盤の液状化被害　　51

第5　2009年　駿河湾の地震　室内災害の典型例　　58
　　1　死傷原因をタイプ別に分類する／59
　　2　全体の傾向を再検証すると……／70

第6　2008年　岩手県沿岸北部の地震　自損事故が多発か　　72

第7　2008年　岩手・宮城内陸地震　災害のタイプは土砂災害　　74

第8　2007年　新潟県中越沖地震　古い木造住宅に建築災害　　76

第9　2007年　能登半島地震　なぜかヤケド事故が多発　　80

第10　2005年　福岡県西方沖地震　島嶼部に被害集中　都市型災害も　　87

第11　2004年　新潟県中越地震［その1］　震度7の本震と長期にわたった余震　　89
　　1　死亡時の状況／90
　　2　災害関連死の発生率が最多／92
　　3　室内被害と建築被害／94

もくじ

第12	2004年　新潟県中越地震［その２］　患者を守れ！　小千谷総合病院の激闘	97
	1　建物群各部の被害と建築年代／97	
	2　連続発生した大地震　激動の院内／99	
	3　小千谷総合病院を支えた付属施設／105	
第13	2004年　新潟県中越地震［その３］　被災者日記	109
第14	2003年　十勝沖地震　津波で釣り人が行方不明	117
第15	2003年　宮城県北部の地震　死者ゼロだが室内で多数の負傷者	118
第16	2001年　芸予地震　「坂の町」で石垣の崩落が多発	121
第17	2000年　鳥取県西部地震　自損型の負傷が多発	122
第18	1995年　阪神・淡路大震災　住宅全壊10万余棟の衝撃	127

第2章　災害タイプ別 各論　　131

第1	土砂災害　どう備え　どう回避するか	132
第2	地盤の液状化等　内陸部の平坦地でも広く発生	136
第3	建築災害　既存不適格住宅に大被害	139
第4	その他の災害　発生時刻が関与するものあり	147
	1　屋外転倒物・落下物／147	
	2　ガラス災害／149	
	3　やけど／150	

第3章　家財道具災害を科学する　　151

第1	転倒・落下の科学　本棚が倒れやすいワケ	152
第2	家具固定の基本原則　全方向に強い留め方をする	158
第3	固定作業の実際　厳重に、そして美しく留める	160
第4	家具製造業界からの提案　新築時が最良のチャンス	162

第4章　防災の本質は「災害の未然防止」にあり　165

第1　空間の耐震化が真の目標　人は空間の中で生きている　166
第2　安全空間・生存空間を作る　救急・医療への過剰な負担は減らせる　174
第3　この国土で生きる　対策を行うのは「私」　183

〔追補〕2016年熊本地震／188
あとがき／190
参考文献／192
参考資料／193
索引／195

第1章

過去の地震被害を再検証する

激しい揺れや津波襲来のさなか、
人はどのような状況に追い込まれるのだろうか。
そして、何が『直接の原因』となって
死んだり怪我をしたりするのだろうか。
限られたデータや情報を突き合わせ、
死傷事故に至った状況の解明を試みる。
検証は、「2016年熊本地震」から始め、
順に過去へさかのぼる。

第1 2016年 熊本地震（暫定値）

2回の震度7で激甚な被害

熊本地震		人的被害 ↓（下記に合算）			
2016年4月14日(木) 午後9時26分		死 者	行方不明	重傷者	軽傷者
M6.5	深さ11km				
最大震度7		住宅被害 ↓（下記に合算）			
		全 壊	半 壊	一部破損	
熊本県　益城町					

熊本地震		人 的 被 害 （人）			
2016年4月16日(土) 午前1時25分		死 者	行方不明	重傷者	軽傷者
M7.3	深さ12km	110		812	1491
最大震度7		住 宅 被 害 （棟）			
		全 壊	半 壊	一部破損	
熊本県　益城町　西原村		8,184	29,447	137,111	

〔熊本県熊本地方を震源とする地震（第76報）　総務省消防庁災害対策本部〕
（平成28年9月7日現在）

ほかに、分類未確定の負傷者が138人、分類未確定の住宅被害が23棟ある。

〔益城町役場近くの交差点付近　撮影　筆者〕

第1　2016年　熊本地震（暫定値）

1　2回にわたる震度7　そのとき人は……

1回目の震度7（4月14日午後9時26分）

　夜の9時半近く、夕食の後片付けが終わり、入浴も済ませ、それぞれの家庭にはいつもの寛いだ時間が流れていた。ある家庭では、家族がリビングに集まってテレビを見ていた。ある人は、畳んだ洗濯物や衣類の整理をしていた。すでに床に就き、ぐっすり眠っていた人もいる。そんなゆったりした時間の流れを断ち切るように、突然、激しい地震が熊本地方を襲った。震源地となった熊本県益城町では震度7を記録。マグニチュードは6.5であった。このときの地震では9人が亡くなった。

　家から脱出した人たちは、広場に集まってそのまま徹夜したり、自分の車の中で車中泊をしたりして夜が明けるのを待った。人はこのときどんな体験をしたのだろうか。突然の地震に遭遇した驚きを、7人の方は次のように語っている。

■米納幸子さん　（益城町在住　82歳　独居　ケガはなかった。）
　住宅は木造在来工法　一部2階建て　カワラ屋根　昭和43年建築

「最初の震度7のときは、ビックリというより何が起きたか分かりませんでした。即停電して、食卓の下にもぐったまま、ガラガラ、ガチャガチャという音を聞いていました。そのときは自分を失っていたようです。すぐに外から声がかかって、家の中の暗闇から外の人の顔が見えました。出ようとしたら、玄関の引き戸は開かず、右往左往のすえ縁側のアルミサッシの隙間からようやく這い出ました。携帯電話とハンカチだけを握っていました。そのあと近所の人とみんなで下の駐車場に移って露天で野宿をしました。ものすごく寒かったけれど若い人たちがダウンコートや毛布を貸してくださって何とかしのぎました。一晩中たくさんのヘリが飛んでいて、眠るどころではありません。一睡もできませんでした」。

■E.M.さん（89歳）　F.M.さん（74歳）（益城町在住　同居の姉妹　ケガはなし。）
　住宅は木造在来工法　2階建て　カワラ屋根　昭和43年建築

　（姉）「縁側で衣類の整理をしていたときに突然、『ユサユサユサ』、『グゥッターン！』ときて停電になりました。すぐに、『おばちゃん、行くよ！毛布を1枚づつ持って来な！』と言って甥が迎えに来ました。表玄関の外にカワラが落ちているのが見えたものですから、毛布を1枚づつ抱えて、裏からまわってここ（益城町総合体育館）へ来ました。体育館の玄関を入ったら『まだ入れません。いっぱい物が落ちているから』と言われて、その夜は車中泊になりました」。

第1章　過去の地震被害を再検証する

■門川成正さん　（益城町在住　70歳　夫婦と長男、次男の4人家族。）
　住宅は木造モルタル　一部2階建て　カワラ屋根　昭和52年建築

「1階の居間にいました。テレビを見ようと横になってヒジをついたときに『ドン！』ときました。からだが浮き上がって、それから横に揺れ出して、電気が消えて真っ暗になったんです。『あ、これ、ヤバイ』と思ってすぐ起きあがりました。家内はそのときトイレの中、次男は2階にいました。長男は消防団の活動中で、家には3人がおりました。ガラスの割れる音やタンスの倒れる音がしていました。トイレのドアが開かなくなり、家内は中から押す、私は外から引っ張るしてようやく開いたんです。逃げる途中も食器棚など家具がどんどん倒れました。真っ暗闇の中、間取りの記憶を頼りに、手探りで玄関を目指したんです。ところが靴箱が動いて中身が散乱していました。幸い、玄関のサッシが外へ飛んでいたので脱出できたんです。その夜は近くの広場に集まって、暗い中でみんな固まっとったです。翌朝家を見たら、北側（裏側）が弓なりになって、南側は真ん中が少し突き出た形になっていました。外壁は落ちて窓のサッシはなくなっていました。『ワーッ！』という思いがこみあげて夕方までそこに立ちつくしていました。家に入るのはもう危険と感じてこの避難所に移りました。ただ、今夜だけは車の中で寝ようと、軽自動車の車中泊を決めましたが、その判断は間違っていました」。

■西村マサ子さん　（益城町在住　73歳　独居　ケガはなし。）
　住宅は木造在来工法　2階建て　カワラ屋根　昭和54年建築

「トイレから出ようとしたときに、タテに激しく揺れ出しました。停電で真っ暗、天井に頭を打つような感じでした。何これ！まさかあれじゃないとね、と思って頭は真っ白。そのあと横揺れが始まって、それも、ぐるぐる回るような揺れで、振り回される感じでした。トイレの棚からティッシュボックスやトイレマットなどが落ち始めて、棚も外れて落ちました。立っていられなくて、壁などあちこちつかまりながらトイレから出ました。キッチンにいた孫（男性19歳）は無事。キッチンに入ってみると、作りつけの食器棚からたくさんの食器が落ちて割れていました。びっくりしました。ワゴンに載せた電気釜はそのままでしたね。家の中は家具がみな倒れていて、固定してあった玄関の下駄箱も外れて前のめりに倒れていました。靴が散乱して足の踏み場もなかったです。玄関のドアも開かず、『バアちゃん。どっからも出られん』と孫が叫びました。結局、倒れた下駄箱を起こして、ドアを破って、そこからどうにかこうにか出たんです」。

第1　2016年　熊本地震（暫定値）

■田中悦子さん　（益城町在住　夫婦2人暮らし　ケガはなし。）
　　住宅は木造在来工法　2階建て　カワラ屋根　昭和58年建築

　「コタツに座ってテレビを観ていたときに、右側にあった本棚が突然コタツの上にバンと倒れてきました。いきなりだったものでびっくり。とっさにコタツの下にもぐったんです。寝室では、整理ダンスと、2段重ねの和ダンスがうつぶせに倒れました。幸い布団の位置からはずれていて、寝ていた主人にケガはありませんでした。キッチンでは、2段重ねの食器棚が、上段だけ倒れて、テーブルの上に突っ伏していました。中にあったウィスキーの瓶が割れて、いい香りが漂っていました。冷蔵庫の扉は全開でした」。

■桂悦朗さん（西原村在住　夫婦と母、長男の4人暮らし　ケガはなかった。）
　　住宅は木造在来工法　2階建て　カワラ屋根　平成6年建築

　「私はそのとき1階の居間でテレビを見ておったんです。最初の揺れは『ユルー』っときたんです。最初は横揺れで、下からではなかった。地震だなと思った瞬間にどんどん大きくなって、ものすごく揺れだした。棟瓦がバラバラッと落ちだして、向こうで寝ておった女房と『ああ、棟瓦が落ちよるね！』と話をしておりました。二人で『止まらないね、止まらないね』、『今、瓦が落ちよるけん、今出ると危ない』といいながらバアちゃんを起こして、揺れが落ちついてから車で出たんです。車を運転していても、『おぉ、揺れよる、揺れよる』。車を止めると今度はものすごく揺れた。車であっちへ行きこっちへ行きしながら、結局、その夜は1時半くらいにまたここへ戻ったんです。母が88歳だったもので無理ができないし、体育館に行こうと言ったけれど自分はいやだと言うので家に戻って、その夜は向かいの親戚の家に入りました。そのときもユラユラ来ていましたが、親戚の家は新しいし、平屋だから大丈夫だろうと、ある程度安心して、その日は眠れました」。

　比較的新しい住宅の中には、もちろん損傷がなかったものもある。西原村の布田(ふた)地区は被害の大きかったところだが、その中に、10軒の比較的新しい住宅が立ち並ぶ一角があり、外観上、建物の躯体はほぼ原形を保っている（左の写真）。しかしよく見ると、わずかな傾きがあるもの、屋根瓦の一部落下、掃き出し窓の変形、外壁の落下などが見受けられる。そのうちの1軒をお訪ねした。

第1章　過去の地震被害を再検証する

■飯島弘也さん　（西原村在住　夫婦と長男の３人暮らし　ケガはかった。）
　住宅は木造在来工法　２階建て　スレート屋根　平成４年建築　一部損壊

「いつも早めに寝るので、このときも２階の寝室で横になっていました。すごい揺れでした。建物本体に変形はなかったのですが、部屋の中では内装材のパネルが落ちかかったり、壁紙に亀裂が走ったりしました。近くに住む娘夫婦のことが心配で、カミさんとすぐ見に行ったところ、３人の孫たちと一緒に車の中でふるえていました。その足で一緒に「構造改善センター」に行きました。そこには畳の部屋があって横になることはできましたが、余震は来るし、いっぱい人がいて眠れませんでした。早く夜が明けないかなと思いながら、その夜はそこで夜明かしです。翌朝自宅に戻り夕方までずっと片づけをやりました。もうあんな大きな地震は来ないと思って一所懸命片づけをしました。家具のほとんどが作りつけで倒れませんでしたが、中にあった食器は壊れていました。二晩目の夜は、普段通りビールを飲んで、２階の寝室で、親子・孫の３代８人で寝ました。９時すぎには眠りに就いていたと思います」。

まさかの震度７再来（４月16日午前１時25分）

　こうして二晩目の夜は更けていった。ところがその数時間後、日付が替わった夜中の１時25分に２回目の震度７が益城町と西原村を襲った。１回目の地震からおよそ28時間後、マグニチュードは7.3であった。これは阪神・淡路大震災に匹敵する大きさでエネルギーは１回目のおよそ十数倍にあたる。２回目の震度７では40人が亡くなり一人が行方不明になった。尋常ではない揺れ方だったようで、先ほどの７人のうち４人の方はこう話している。

■門川成正さん（「避難所に入ったけれど、今夜だけは車の中で寝ようと軽自動車の車中泊を
　　　　　　　決めたが、その判断は間違っていました」と語っていた……。）
「２日目の夜、車の中で眠りについたとき、２発目の震度７が来たでしょ。何が起きたのかと思った。もう、ゴロンゴロンと車がころぶような勢いで、ものにつかまることもできなかったです。家内は後ろの席に１人でおりました。一人だから振り幅が大きくなる。そしてもう、車の内壁に右肩をどんどんぶつけて、鎖骨が折れてしまったんです。朝になったら、ほっこりふくらんで、骨が皮膚の下から突き上げとったです。診療所に行ったら整体師がいて、２時間かけて、ゆっくり戻してくれたんです。包帯をたすきがけにしてくれました」。

第1　2016年　熊本地震（暫定値）

■西村マサ子さん（自宅内で一時的な閉じ込め状態になった。2回目の震度7の揺れ方を次のように話している。）

　「二晩目の夜は役場の駐車場にいました。ブルーシートの上で、支給された毛布を身にまとっていました。震度7の大揺れのときは思わず隣の人と抱き合ったりして、恐かったです。一体いつになったら止まるんだろうかと、そればかり考えていました。車の中にいた孫の話では、ハンドルがブルブル震えて、車ごと吹っ飛んで、ベシャッといくんではないかと思ったそうです」。

■桂悦朗さん・和枝さん夫妻（家族3人を家に残し、悦朗さんは出張で熊本市内のホテルに滞在中だった。）

（悦朗）「出張で熊本市内のホテルにいました。地震の瞬間は『ワッ！この前とは全く違う』と感じて、揺れの最中に電話しながらホテルを出ました。電話すると、3人とも無事だったのでほっとしましたが、とにかくすぐに家を出なさいと言いました。家は重い瓦を乗せているので頭を振られ、今度地震があったら倒れると思っていたんです。

（和枝）「疲れが出てぐっすり眠っていたのでその瞬間のことは覚えていませんが、タンスの上の飾り棚が落ちる音がして目が覚めました。携帯電話は主人からの着信で遠くの方で光っていました。2階にいた長男は、携帯で何回か私を呼んだけれど出ないので、そのまま外に出ていました。寝ていたバアちゃんを起こして、風呂場の窓から、長男に助けられながら外へ出ました。それから、みんな裸足で下の広場に移動しました。しばらくしてから、『ズズン！』という音が響いて『どこかで家が落ちたよ』という声がしました。下の広場に集まって隣近所全員の無事を確認、そのままみんなで夜を明かしました。夜が明けて見たら、ここらあたり、家がみなやられているじゃないですか。みんな唖然ですよ。びっくりでしたね。自分の家もやられていました」。

　「とにかくすぐに家を出なさい」との悦朗さんの指示に、家族3人もそれに即応して裸足のまま家を出た。これが3人の生存につながった。

第1章　過去の地震被害を再検証する

■**飯島弘也さん**（建物本体に大きな変形はなく、その後も自宅内で生活している。）
　「最初はブランコがゆっくり動くような感じ。ああこんなものかと思ったら、いきなり、すごい横揺れになった。ものすごく速い、速くて大きな振幅の揺れになって、タテにも揺れていたようです。孫たちがケガをしないようにと思ってとっさにフトンをかぶせ、その上から覆いかぶさっていました。近くにガラス窓などもあったものですから…
　揺れる時間がすごく長かったので、恐かったです。揺れが収まるまで身動きができず、収まってからドアを開けて1階に降りました。玄関から出ようとしたら扉が開かず、勝手口にいったらそこも開かなくて、庭に面したリビングの掃き出し口が少しだけ開いたので、そこから逃げました。中学校の体育館に向かいました」。

　どの証言も、2回目の震度7がいかに大変な揺れであったのかをよく伝えている。
　こうした地震が発生するたびに119番通報による救助や搬送の要請がどっと増える。ところが、密集した住宅地では倒壊家屋が道路に滑り出し、緊急車両の活動が阻まれる事態も同時に起きていて、活動は困難を極める。救出活動の現場は一体どんな様子だったのだろうか。

救助・救急活動の現場では……

　熊本市消防局の管轄区域には、熊本市のほか、震度7を観測した益城町と西原村が含まれている。いずれも「平成28年熊本地震」の被害集中地域だ。これらの地域内から発信された119番通報は、すべて、熊本市にある消防本部の情報司令課で一元的に受信され、ここから、現場直近の署所に対してただちに出動の指示が出される。
　24時間体制で常に緊張状態にあるこの情報司令課も激しい揺れに見舞われた。卓上にあるモニターのうちの数台は手前にお辞儀をした状態になったがすぐに引き起こされ、点検の結果、受信・送信ともに機能が失われていないことが確認された。
　大揺れが収まりかけたこの頃から着電が相次ぎ、負傷者の搬送や、生き埋め・救出を求める切迫した声が次々と届き始めた。着信数は、14日の24時までが519件、15日は576件、2回目の震度7があった16日は、実に1727件にのぼる。平常時は、交通事故や急病などで140件前後であるので、この地震によっていかに多くの緊急事態が発生したかがわかる。
　これら多数の救助救急要請に対して、軽微なケガや、数日間は待てると思われるケースについては説明をした上で自己処置をお願いし、真に緊急を要するものについて集中的に活動を振り向けていった。それでも、出動司令を出した件数は3日間で784件にのぼる。

第1　2016年　熊本地震（暫定値）

〔情報の中枢　熊本市消防局情報司令課〕

　当初、14日の夜は、情報司令課では平常体制の7人が勤務に就いていた。ほかに、残業で残っていた事務部門の3人がただちにこれに加わり、1時間あとには19人が、そして2時間以内には職員の90％が集結した。通常、3画面1組で運用している司令台モニターは、分割すると18人が同時に送受信を行うことができる。緊急参集した職員も加わり、機能をフル発揮できる体制が一気に整った。誰も予想していなかった数日間にわたる勤務表のない激務、それはこうして始まった。

救出現場では……

　1回目の震度7のあと、熊本市内でエレベーター内閉じ込め事故の救出活動にあたっていた中央署特別高度救助小隊に、あらたな救出指令が届いた。益城町の自宅内閉じ込め現場での救出だ。特別高度救助小隊はそのまま益城町の現場へ転進した。木造2階建ての民家は左半分の1階部分がつぶれ、その上に2階が乗った状態。建物右半分は元の位置で立っていた。両者はザックリと分離、3メートルほどの空隙ができていた。（この空隙がのちほど役に立った。）中にいた中年の夫婦は脱出して無事だったが、1階の浴室付近に娘さんが取り残されているという。

第1章　過去の地震被害を再検証する

〔益城町の救出活動現場　写真はいずれも熊本市消防局提供〕

　午後11時、中央署特別高度救助小隊をはじめ東署の救急小隊と梯子ポンプ小隊、南署の指揮小隊が集結して救出作業が始まった。照明で照らしながら建物の破損状況を確認し、進入ルートを探すうち、中からかすかな人の声と物を叩く音がすることを隊員が確認した。生存しているあかしだ。救助隊はこのとき、閉じ込めになっている女性に問いかけをした。「体の30％が挟まれているときは1回」、「50％挟まれているときは2回」、「70％以上のときは3回叩いてください……」。この問いかけに対して3回叩く音が返ってきた。左半身を重量物に挟まれて身動きができない状態にあることがはっきりした。救出が急がれる状況だ。

　まず、建物左側の2階の窓から進入、階段があったと思われる部分から1階へ降りたが、ガレキに阻まれて水平に進むことは困難だった。次に、2階の床を電動鋸で切り開き、そこから1階内部へ降りた。押し潰された1階は空間が極めて狭く、浴室と思われる付近まで進入したが、女性の姿は確認できなかった。ただこの時点で女性の直近までたどり着いていることがわかった。

　午前0時3分、狭い空間の中で懸命の救出活動を行っている隊員に、突然、震度6強の余震が襲いかかった。ただちに1階部分から退出、全員の無事を確認した。

　このとき、1階部分を水平に（いわばトンネルを切り開くように）進むのは危険が大きいと判断して進入ルートの再検討が行われた結果、女性の真上から垂直にアプローチすることに方針を大転換。2階リビングの床を切り開く作業にとりかかった。チェーンソーの丸歯が回転中に女性の体を傷めないよう、ザックリ開いた建物の破断面から2階床下を監視しながらの作業だった。これが最終的な救出ルートとなった。

〔左は真上から進入する救助隊員　右は閉じ込められていた空間　熊本市消防局撮影〕

　フローリングの床を一部取り払うと、女性の声がにわかに近くなり、その真下に閉じ込められていることが判明した。「あなたのすぐそばまで来ていますよ。もう少しです。がんばってください」と声をかけつつ、女性にのしかかっている木材などを排除しながら下降、午前1時15分に女性の姿を確認した。膝を折り曲げ、仰向けになったまま浴室ドアの下敷きになっていた。救助隊からの呼びかけに応じて女性も反応、「大丈夫です。がんばります」などのしっかりした反応が返ってきた。呼吸は浅く、全身に若干の震えはあるものの会話は可能。毛布で保温し、顔に防塵めがねを装着した。

　待機していた医師が「クラッシュ・シンドローム*」に備えて輸液を開始、左手の静脈から乳酸リンゲル液500mgを6本、40分かけて体内に送り込んだ。この間、並行して救出ルートを切り開く作業が続けられ、バックボードが用意された。（板状のバックボードは本来は脊柱固定器具。今回は狭い場所からの搬出という制約があり、これが使われた。）

〔写真は医師による輸液　熊本市消防局撮影〕

　午前2時21分、輸液投与が終ると同時に上にのしかかっていたものを排除、女性をバックボードに移して狭所から救出した。ただちに通常の舟形担架に移して地上へと慎重に降ろし、救急隊へ引き渡した。救出活動の完了は午前2時24分だった。このような救出事例は熊本市消防局だけで116件にのぼり、124人が救助されている。

　この事例にはいくつかの注目点がある。まず、倒壊した家屋の中で、どの場所に閉じ込められているのか、それを突き止めることが難しいということが挙げられる。建物全体が大きく変

第1章　過去の地震被害を再検証する

形していることもあり、平面図どおりの位置ではなくなっているからだ。最短コースでの救出ルートを構築するためには、救出ポイントをはっきり特定する必要がある。今回幸いだったのは、閉じ込められた人に意識があり、救助隊とのあいだで打音によるコミュニケーションが成立したことだ。それも複雑な内容のやり取りまでできていたことが救出成功に大きく寄与した。自分の存在位置を知らせるために、身につけた携帯電話が使えれば確実だが、物を叩いて音で知らせるのも有効な方法だ。ぜひ覚えておこう。

　＊「クラッシュ・シンドローム」は救出後急激に体調が悪化する生理現象で、致死率が高い。長時間圧迫されると筋肉が壊死し、そこから有毒物質が滲み出し、体内に滞留する。のしかかっていたガレキなどを取り除くとそれが一気に全身に広がって重篤化する。これが懸念されるケースでは救出前に医学的処置が必要となる。普段でも、交通事故の車内で、不自然な姿勢のまま長時間閉じ込められていたときにも同様のことが起きる可能性があり、クラッシュ・シンドロームについてもこの際しっかり覚えておこう。

　女性が閉じ込められていた空間は、人ひとりがやっと生体を維持できるだけのぎりぎりの大きさだった。押しつぶされた１階であっても、このような生存空間が残ることがある。閉じ込めにあっても決して望みを捨てないことだ。本書では、「生存空間」という言葉をしばしば使う。本書全体を貫くキーワードの一つである。

2　住宅の壊れ方に様々なタイプ

住宅はこのような壊れ方をした

　話をもう一度住宅の壊れ方にもどす。この熊本地震では、激しい壊れ方をした住宅が被災各地の広い範囲で見られる。（全壊棟数未確定。）原形をとどめず、砕けたような壊れ方のものもある。崩壊原因の一つに、極度の老朽化とそれに伴う腐蝕が大きく影響していると思われるものが少なくない。加えて、シロアリによる食害も見られる。建物を支える柱が根本のあたりで腐っていれば建物の重みを支える力は失われている。

　これは、もはや「耐震基準」云々という問題ではない。老朽化にともなう腐朽などが建物を

崩壊させる原因となっている。柱の根元は壁の中や床下に隠れていて、ふだん私たちの目に触れることはない。建築から相当の年数が経過した建物は、安全に住み続けられるかどうかをチェックする必要がある。専門家による耐震診断を受けるようにお勧めしたい。

　一方で、大破した住宅の傍らに、外観上無傷で立っている住宅も多数ある。そのほとんどは比較的新しい建物で、もちろん、老朽化や主要構造の腐蝕はないと思われるものだ。住宅の経年劣化の問題に、私たちはあらためて関心を持つ必要がある。
　ところで、これら倒壊・崩落の深刻な被害と、無傷・無被害の中間にはどのような壊れ方があるのだろうか。証言者７人の住宅について、あらためて詳しく見よう。
　冒頭で証言を寄せてくださった７人の体験には、いくつかの共通点がある。まず、いずれも怪我をせずに済んだということが挙げられる。これは、震度７の大揺れに遭いながら倒壊せず、家の中に生存空間が保たれていたということだ。７件中４件はいずれも旧耐震基準による建築だが、中にいる人を死傷させることなく、住宅としての使命をきちんと果たしたことになる。
　建築基準法には耐震基準が事細かに定められていて、それも昭和56年に大幅な改正が行われ、このとき基準は一層厳しくなった。昭和56年の夏以降に建てられた住宅は地震に対して丈夫に作られているとされるのはこのことを指す。昭和25年に作られたこの法律は、その第１条で「国民の生命、健康および財産の保護を図ることが目的」であるとうたっていて、「国民の生命の保護」が第一義の目的となっている。このことについて国土交通省は「震度５強程度の地震に対しては、ほとんど損傷を生じない。極めて希にしか発生しない震度６強から震度７程度に対しては、人命に危害を及ぼすような倒壊等の被害を生じないこと」、これが目標であると説明している。
　７人の証言内容でもう一つ共通するのは、７件中６件で一時的な「閉じ込め状態」に陥ったことだ。いずれも自力脱出できたのは幸いだった。どうしても脱出ができなければ、消防署にレスキューをお願いすることになる。翻って、私たちの住宅はどうだろうか。廊下など脱出ルート上に家具が倒れたり、ガラスが散乱したりしていると退路を断たれることになる。脱出の妨げになるかも知れない玄関の靴箱は、壁にしっかり固定しておくなど、考えられる手は打っておこう。

第1章　過去の地震被害を再検証する

　次に、7人の証言者個々の住宅の壊れ方を見よう。
■米納さん、EMさんFMさん、門川さんの住宅は、1回目の地震では立ったままの状態を保ったが、2回目の地震で倒壊した。建築年代は、昭和43年、昭和43年、昭和52年で、いずれも旧耐震基準による建築。1回目の震度7ではその揺れに耐えて、中にいる人を守った。
■次の2枚の写真はいずれも門川成正さん宅。上は倒壊前（4月15日撮影）、下は倒壊後の写真（4月16日撮影）。1回目の震度7では倒壊を免れたが、2回目の震度7で倒れた。

〔倒壊前の門川家　4月15日　福島孝幸撮影〕

〔倒壊後の門川家　4月16日　福島孝幸撮影〕

　旧耐震基準によるこの住宅は、1回目の震度7には耐えたものの、2回目には持ちこたえることができず倒壊に至った。2回目の揺れは激烈だったようで、コンクリート製の電柱が根本から折れてのしかかっている。

第1　2016年　熊本地震（暫定値）

■次は桂悦朗さん宅の倒壊例。この建物は、新耐震基準による平成6年の建築。2回の震度7のあとも原形を保っていたが、その後の余震で倒壊に至った。家は1階部分が崩壊して、その上に2階が載る形になった。

　妻・和枝さんの証言の中に……

「風呂場の窓から外へ出て、裸足で下の広場に移動した。しばらくしてから、『ズズン！』という音が響いて、『どこかで家が落ちたよ』という声がした」とある。「しばらくしてから」がどれくらいの時間であるか不明だが、気象庁のデータベースでこのときの余震発生状況を調べると、午前2時25分までの1時間のあいだに、震度4以上の余震が6回記録されている。

このうち、震度7の地震から19分あとには震度5弱、その1分あとに震度6弱の余震が相次いで起きている。これが桂家を倒壊させた主因であるとすると、脱出に許された時間はわずか十数分ということになる。的確な判断と素早い行動が生死を分ける分岐点になったようだ。

1時25分	震度7
1時30分	4
1時44分	5弱
1時45分	6弱
1時56分	4
2時4分	4
2時17分	4

■西村マサ子さんの住宅は旧耐震基準時代の昭和54年の建築。2度の震度7に耐え、躯体は鉛直線を保っている。1年半前にリフォームを行うなど、よく手入れされていた。しかし、屋根瓦の落下、外壁の剥離、開口部の破損などで全壊の認定となった。

〔2回にわたる震度7に耐え、鉛直線を保つ西村家〕

第1章　過去の地震被害を再検証する

　人が住めなくなった住宅の内部では天井や畳にカビが生え、建物全体の劣化を一層早めている。大事なものの運び出しはまだ済んでいない。

　居間にある掛け時計は9時半前後のところで止まり、キッチンの掛け時計は1時25分を指したままだ。いずれも、1回目と2回目の震度7の発生時刻に近い。キッチンの時計は、ご夫婦の金婚式のお祝いとして町から贈られた思い出深いもの。振り子は動いているが、針は止まったまま、あの地震の記録を伝えている。

　西村家住宅は「立ったまま全壊」となった。大地震が起きた際に中にいる人を守るためには、住宅は、たとえ全壊になろうとも、立ったままで頑張ることが肝心だ。過去の被災地でも「立ったまま全壊」の事例は数多くある。

■次の写真は倒壊後の米納幸子さん宅。
　「1週間は呆然としていました。とうとう何も持ち出せませんでした。大事な物も、雨に打たれて傷んでしまっていることでしょうね」という言葉の中に、家を失った悲しみや、将来への不安、思い出を失った喪失感など、さまざまな気持ちが交錯している。

〔撮影　米納靖郎〕

これまで見てきた7件について、倒壊の時期を整理したのが次の表。新耐震基準による建物は3棟あり、いずれも2回の震度7に耐え、倒壊を免れている。

	築　年	1回目の震度7	2回目の震度7	その後の余震	地盤変状
米納家住宅	昭和43年	倒壊せず	倒壊		
E.M.家住宅	昭和43年	倒壊せず	倒壊		
門川家住宅	昭和52年	倒壊せず	倒壊		あり
西村家住宅	昭和54年	倒壊せず	倒壊せず	倒壊せず	
田中家住宅	昭和58年	倒壊せず	倒壊せず	倒壊せず	
飯島家住宅	平成4年	倒壊せず	倒壊せず	倒壊せず	あり
桂　家住宅	平成6年	倒壊せず	倒壊せず	倒壊	あり

ただし、敷地の地盤が損なわれたケースが7棟中3棟あり、その中に、新耐震基準によるものの倒壊に至ったものが1棟ある。その「地盤変状あり」の3事例は以下の通り。

■桂家住宅（平成6年建築）

　住宅を支える敷地に亀裂が走り、これが家を倒壊させた主因ではないかと桂さんは考えている。亀裂は桂家住宅を中心に、少なくとも東側の2軒と西側の2軒を貫き、隣家ではこれが玄関前のタイル張りの階段をスパッと切るように破壊している。この地域は緩やかな斜面に30戸の家が建ち、背後にはスギ林を従えた大峰山が迫る。地震のあとこの山がふくらんだように見えることから地盤に対する不安が広がり、地域の人たちのあいだで集団移転を希望する声も出始めている。

■門川家住宅（昭和52年建築）

　門川家の敷地は「要注意宅地」と判定された。自宅前を流れる水路が変形して敷地の地盤が緩んでいる可能性があり、さらに裏の家の擁壁が、こちらへ向かって倒れかかっていることなどがその理由だ。同じ場所に住宅を再築できるものかどうか、門川さんは戸惑っている。必要となる地盤改良やその費用については全く情報がなく、生活再建の方向は見

第1章　過去の地震被害を再検証する

えてこない。

■飯島家住宅（平成4年建築）
　住宅本体（躯体）にはほとんど損傷がないことから、そのまま住み続けている。被害程度は「一部損壊」。ところが、応急危険度判定は「赤」（この建物に立ち入ることは危険）の判定。

〔飯島家　左は玄関側　右は庭側〕

　その理由は、地盤を支えるコンクリートの壁が破損して、庭先の敷地が一部崩落したためだ。このような擁壁の崩落は、被災地の広い範囲で見られ、石積みの崩落とあわせて、この地震による特徴的な被害の一つとなっている。

室内災害の事例

　さて、家の中に目を向けてみよう。家は壊れなかったが、室内では家具が倒れる、重量物が落ちてくるなどの室内災害も多発した。3つのケースを紹介する。

■冨田セツコさん（益城町　住宅は平成13年築　一部損壊の被害　そのまま居住）

「お風呂へ入ろうとしてズボンを脱ぎかけていました。テレビのクイズ番組が気になって中腰でそれを見ていたんです。そうしたら50インチのテレビがフワーッとこちらへ向かって倒れてきました。これもテレビの1シーンかとぼんやり思っていたら、今度は私の後ろで『ドン！』という音。後ろの部屋にあった仏壇が飛んできて私の後ろに落ちたんです。仏壇の中はグチャグチャ。揺れはものすごかったです。呆然として、停電の暗闇の中で立ちつくしていました。2階から降りてきた息子夫婦に声を掛けられ、やっと我に返りました。ダイニングキッチンの食器棚は上の段が落ちて食器が床に散乱しました。冷蔵庫は、1台は立ったまま移動。もう1台は倒れて、開いたドアからは油やら酢やらお酒やらが床に散らばってベチャベチャ。何日かは近寄れなかったです。じつは前の日に、ちょうど居合わせた孫

（大学生）の友達5人が、倒れた家具を引き起こして元通りにしてくれたばかり。まさかそのあとこんなことが起きようとは夢にも思っていませんでした」。

〔左は前のめりに倒れた50インチのテレビ　右は建具を突破して飛び出した仏壇〕

〔食器棚と床の散乱状況　写真は4枚とも冨田慶二撮影〕

■池浦秀隆さん　（大津町　賃貸マンション7階に入居　夫婦2人暮らし）

　大津町は被害が大きかった西原村に隣接し、一連の熊本地震では最大震度6強を観測した。マンションの7階にある住居は室内被害が著しい。以下は池浦さんの談話。

　「部屋の壁にひび割れが走り、ドアが閉まらなくなりましたが住み続けることは可能です。家具はすべて倒れました。2段重ねのタンスは、上も下も飛びはねて倒れた感じです。冷蔵庫は倒れずに動いて壁にがんがん当たったものですから、壁に穴が開きました。

　ひどかったのが書棚です。書斎に6台、居間には2台あり、それらが全部倒れました。落ちた本が部屋を埋め尽くして、書棚がその

〔撮影　池浦秀隆〕

上にのしかかったり、向かい合わせに置いた書棚同士がぶつかりあったりしていました。木製

第1章　過去の地震被害を再検証する

の1台は本の重みで折れていました。高さはいずれも180センチで、上部には突っ張り棒をはめてあったのですがだめでした。妻と私は、家具のない部屋にいて無事でした。妻は子ども時代を静岡で暮らしていて、小学校時代から防災教育を受けていました。寝る部屋には家具を置かないというのも妻の考えで、今回それで助かりました」。

■田中悦子さん（益城町）

　益城町の田中悦子さんの家では奇妙なことが起きた。2回目の震度7のあと、食器棚のうちの1台が、あらぬ方向を向いて倒れたのだ。（次の図を参照。）

　Aはスチール棚、Bは2段重ねの食器棚（高さ184cm）、Cは小形食器棚（1体型で高さは173cm）。このうち、Bの食器棚は上段（高さ108cm）が食卓の上にうつ伏せに倒れた。一方Cの食器棚は90度向きを変え、横倒しになった。ガラスは割れていない。このような倒れ方はあまり例がない。

　事実、田中家の寝室では、整理ダンスと2段重ねの和ダンスが、ともに「前のめり」に転倒した。幸い布団の位置からはずれていたので家人にケガはなかった。

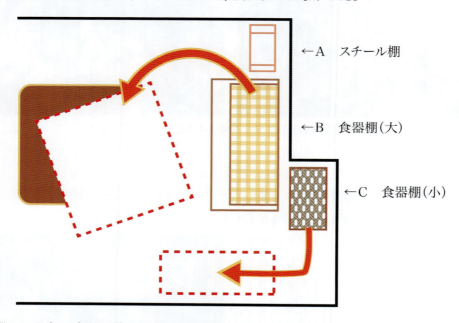

　食器棚Bのように家具が前のめりに倒れるのは一般的な現象だが、食器棚Cの挙動はこれと異なる。食器棚自体が、右、左と体を揺すりながら「歩いた」ことも考えられる。家具は震度5弱程度で動き始め、震度が大きくなるほど激しく動く。揺れ方によっては意表をつく暴れ方をすることがあるので要注意。

3 人はどのような状況で死傷したか

死傷原因の内訳

　これまでに紹介した証言者は、いずれもケガをせずに無事だった方々だ。一方、被災地全体では110人が亡くなった。（平成28年9月7日現在。）その内訳を見ると、倒壊家屋の下敷きになったり土砂の崩落に巻き込まれたりした「災害直接死」は50人、「災害関連死」は60人（死者全体の実に55％にあたる。）だった。災害関連死は、ケガの悪化で亡くなる事例や、災害による身体への重い負担から症状が悪化して死に至ったもの、避難生活中の強いストレスから体に変調をきたして亡くなるケースなどが含まれている。

　災害関連死がこれほど高率で発生したのは2004年の新潟県中越地震に次いで2例目のことだ。（〔追補〕2016年熊本地震（188ページ）参照。）災害関連死をださないことが、地震による犠牲者を減らす上での重要なポイントとなる。

　災害関連死の中に、「エコノミークラス症候群」が原因と思われるものがある。その発症の仕組みは以下のとおり。

エコノミークラス症候群　その発症の仕組み

　エコノミークラス症候群から来る肺血栓塞栓症の発症の仕組みは次のように説明されている。心臓から肺へは絶えず血液が送り込まれている。その通り道である肺動脈が何らかの原因で詰まってしまうと血流が途絶え、その先の肺組織が壊死してしまう。これが「肺塞栓症」と呼ばれ、致死率が高いことから恐れられている。肺動脈を詰まらせるのは「血のかたまり」であり、最も多い発症部位は脚の静脈内だ。下肢（ふくらはぎ）の筋肉の内側には多数の静脈がある。窮屈な姿勢を長時間とることで、ここの血流が滞り、血栓が形成されはじめると、血栓は次第に長いサイズに成長してゆく。何らかのはずみでその先端が千切れると、これが体内を移動して肺動脈に達し、そこを詰まらせてしまう。肺への血流が止まり、全身への酸素の供給が途絶えると、突然の胸痛や呼吸困難などに襲われる。致死率が高いことから緊急の手当が必要となる。事前の検査では、ふくらはぎのエコー検査で兆候を掴めることがある。

　この症状は、長時間にわたって窮屈な姿勢をたもち、体を動かさずにいるときに起きやすい。体中の血流が停滞して、特に脚の静脈の中に血栓ができることがあるからだ。こうした症状は、別名「エコノミークラス症候群」とも呼ばれている。国際線の飛行機の中で長時間を過ごしたときに血液循環の停滞から起きる体の不具合、そこから名付けられた症状だ。新潟県中越地震でもこれが多発した。その原因は、車の中で、窮屈な姿勢で寝泊まりをする避難生活の仕方にあったようだ。熊本地震では、避難所での体操指導など防止がはかられているが、車中泊を続けている人は用心しなければならない。

第1章　過去の地震被害を再検証する

4　大被害をもたらした双子の地震

2回目の震度7は「双子の地震」だった

　2回にわたる震度7。それはどのような地震であったのだろうか。気象庁の震度データベースを確認しよう。1回目の震度7（4月14日）はマグニチュード6.5、震源の深さは11キロメートルであった。マグニチュードが6クラスで震源が浅いと、地上では大きな被害が出る。このときの揺れの範囲は、九州はもとより、長野県までを含む21府県に及んだ。

　そのおよそ28時間あとに2回目の震度7が発生した。マグニチュードは7.3。これは1995年の阪神・淡路大震災に匹敵するエネルギー量で、1回目の十数倍の大きさだ。震源の深さは12キロ。やはり、1回目を大きく上回る被害規模となった。熊本県を震源とするこの地震は、4月16日の午前1時25分05秒に始まったが、その32秒後、こんどは、大分県由布市付近を震源とするマグニチュード5.7の地震も発生、九州から山形県に至るまでの39都府県を揺さぶった。2回目の震度7は、実は双子の地震だったのだ。2つの震源間の距離はおよそ80キロメートルある。このアベック地震は熊本、大分両県に大きな被害をもたらした。

誰も想像していなかった被害の形

　揺れ方については、「ゴロンゴロンと車がころぶような勢い。ものにつかまることもできなかった。後ろの座席に1人でいた家内は、車の内壁に右肩をどんどんぶつけて鎖骨が折れてしまった」「車の中にいた孫の話では、ハンドルがブルブル震えて、車ごと吹っ飛んでベシャッといくんではないかと思った」などの証言が残されている。

　被害タイプの中に、「どうしてこのような被害になったのか想像できない」、「全く予想していなかった」、「とんでもないことが起きた。これは一体何なのだ」との声を聞くものもある。地元で「想像もできなかった被害」と語られているものについて見てみよう。

■敷地を支える石垣や石積み、コンクリート擁壁の崩落が、益城町や西原村、南阿蘇村など広い範囲で見られる。この地方では、大きな石を使った石積みが多い。石の長径は1メートルを超えるものもある。それが崩落する被害が多発した。コンクリートの擁壁にヒビが入る、傾く、倒壊する、崩落するなどの被害も多い。熊本地震の被害を特徴づける事象の一つだ。

第1　2016年　熊本地震（暫定値）

■重量物が跳ね上がったように動き、衝突するという事例があった。

　益城町にある東熊本病院では、1回目の震度7とその後の余震で建物が傷み、倒壊の恐れが出てきた。翌15日には、建物の壁にはクラックが、また、2階の床の継ぎ目には10センチほどの隙間が開き、そこから下の階が見えるなど建物破壊が進行していた。余震は頻々と起きる。入院患者30人の移送は、DMAT（災害派遣医療チーム）の主導で準備が進められていた。他の医療機関へ転送するための支援要請がDMATから消防にあったのは、15日の夜11時43分のこと。ただちに益城西原署から救助隊と救急隊が、中央署からは救助隊が現場に入り、活動に加わった。2階と3階には、建物破壊の進行状況を監視する隊員を配置、クラックの拡大や建物の崩壊に備えた。

　そこへ、午前1時25分、あの2回目の震度7が突然襲ってきた。声をかけ合い、隊員全員の無事を確認した。このとき、下の駐車場ではとんでもないことが起きていた。

　駐車していた2台の救助工作車が地震の激しい揺れで跳ね上げられたように移動、双方の車体後部が接触した。2台とも、右の前輪には前後に車輪留めがしてあったが、それを飛び越えて3メートルの距離を移動した。車体重量は11トンと13トン。一体どんな力が働いたのだろうか。

第1章　過去の地震被害を再検証する

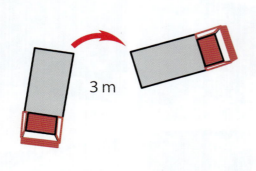

〔図版と写真は熊本市消防局提供〕

　東熊本病院では、こうした過酷な状況のもと、建物の崩落に遭うこともなく、患者の移送作業は無事終了した。2回目の震度7から55分後、午前2時20分のことだった。
　休む間もなく、益城西原署の救助隊はそのまま益城町の建物倒壊現場へ、中央署の救助隊は熊本市内へと急行した。転進先は中央区にある地震で歪んだ建物。閉じ込められた人が中で救出を待っている。

■宇土市役所の庁舎が全壊となったのもこのときだ。かろうじて立ってはいるが今後の余震にどの程度持ちこたえられるかが心配され、市では建物周辺に警戒区域を設けて立ち入りを禁止している。

〔宇土市役所　　撮影　鈴木政子〕

　建物は昭和40年の完成からすでに半世紀以上が経過、耐震診断でも「大きな被害を受ける可能性が高いうえ、構造が複雑で耐震補強は困難」という判定を受けていた。市では、「宇土市

庁舎建設検討委員会」を設け、2015年の秋から検討に入っていたところだ。

■楼門がまさかの倒壊！　阿蘇市にある阿蘇神社では境内への入り口にそびえる楼門（国の重要文化財）が、2回目の震度7で倒壊した。地震発生直後に当直の神社職員が目視で倒壊を確認、夜明けを待って、人が近づかないように規制線を張った。

〔倒壊した楼門　　撮影　筆者〕

阿蘇神社は、境内への入り口正面に楼門、その左右には神幸門と還御門がある。後方には、拝殿に続いて、その奥に一の神殿、二の神殿、三の神殿が左右対称に配置されている。これら拝殿や3つの神殿などでも被害を確認した。特に「三の神殿」では、柱のすべてが浮き上がったり傾いたりするなど、損傷が大きい。楼門のみならず、多数の歴史的建造物に被害が及んだことに、神社側では大変驚いている。

〔拝殿も大破　　撮影　筆者〕

のちの修理・復元にそなえ、文化庁と連絡をとりあい、倒壊状況をそのまま維持するため、覆いをして人の手に触れない状態に保つことなど、いくつかの応急処置が講じられた。3日間の停電中は電力会社の発電車から電力の供給を受けた。その際、漏電を防ぐため、既存の防災設備の配線に断線処理を施した。

第1章　過去の地震被害を再検証する

　境内にあるいずれの建物も美しく、古くから肥後一の宮として多くの人に敬愛されてきた。これらが大被害を受けたことは地元の人にとっては大変なショックであったようだ。参拝に訪れる人の中には、「子どもの頃から慣れ親しんだ風景がこんな姿になってしまって……」といって、顔を覆う人もいる。

　阿蘇神社職員で学芸員の池浦秀隆さんは、「地震の発生が夜中だったので、人がいなくて本当に幸いでした」と話したあと、今後の再建については次のように語っている。

　「古い記録を見ても地震被害の記述は見かけたことがないので大変驚いています。建物が崩壊した、無くなったということを、当初は信じられませんでした。阿蘇神社としては原形どおりの復元を目指しています。文化的象徴として、復興の象徴として、使命感をもって取り組んでゆきたいです」。

■斜面大崩落　村が分断された！
　阿蘇郡南阿蘇村（人口11,600人余）ではこの地震で17人が亡くなった。住宅の全半壊は600棟にのぼる。

〔南阿蘇村　倒壊したアパート〕

　とくに、2回目の震度7と同時に起きた大規模な斜面崩壊は、村に大きな打撃を与えた。斜面崩壊は、JR豊肥線と国道57号線が平行して走る立野地区で発生、国道脇の斜面から滑り出した土砂はJR豊肥線の線路と国道57号線の上に厚く堆積して、これと直角に交わる阿蘇大橋（国道325号線）も落下させた。崩壊面の長さは700m、幅は200m、崩壊土砂量は推定50万㎥にも達する。

第1　2016年　熊本地震（暫定値）

〔落下した阿蘇大橋　向こう側にはＪＲ豊肥線と国道57号線が東西に走っている〕

　２つの国道の結節点を失ったことで村は３つに分断され、相互の行き来が困難になった。なかでも、下図の立野駅側と南側の地域（図の下方）との直接の行き来ができなくなり、西隣の大津町を経由して大きく迂回することを余儀なくされている。

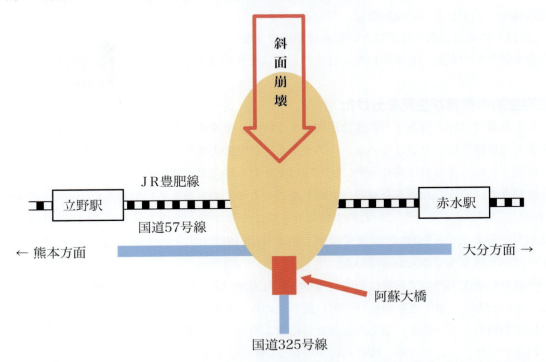

　南側の地域は村の中心的エリアで、南阿蘇村役場をはじめ、小学校５校すべてと村で唯一の中学校もここにある。交通の要衝を失ったことで、通勤、通学、通院、日常的な買い物など村人の日常活動は大きな制約を受けている。臨時のバス路線が敷かれているが大幅な迂回コース

を辿り、所要時間も長い。例えばＪＲ豊肥線の肥後大津駅と高森町との間で運行されている臨時路線は鉄道利用時の２倍の時間がかかる。

さらに、村の中を東西に貫く民営の南阿蘇鉄道も全線で一時運転が止まった。南阿蘇鉄道は、ＪＲ豊肥線の立野駅から終点の高森駅まで10駅、17.7キロの路線を持つ地方鉄道で、村の生活路線として、また観光路線として親しまれてきた。終点の高森駅から手前の中松駅までの区間は地震から３か月半後の７月末に部分開通したが、肝心のＪＲ豊肥線の立野駅とのあいだは橋やトンネルが傷み、復旧の見通しは立っていない。

通学で大きな影響を受けたのが図の立野駅側から南側の小中学校に通う生徒たちだ。打開策として、南側エリアにある「くまもと清陵高校（通信制）」の中に臨時の寄宿舎が５月に設けられた。当初は中学生12人、小学生３人、幼稚園児１人が、４人の保護者と一緒に入居して、避難生活を送りながら勉学を再開した。その後仮設住宅などへの入居が進み、７月末現在は、中学生10人が２人の保護者と一緒に生活している。２人の舎監のもと、全国からの励ましや救援物資にも恵まれ、生徒達は落ちついて寮生活を楽しんでいるようだ。

南阿蘇村にとっての最大の課題、それは交通インフラを復旧させることだ。復旧資材を運ぶ大型車両や消費物資を運ぶトラックは、今は迂回コースを走っている。村では、道路網や鉄道路線などの１日も早い復旧を望んでいる。

「２回目の地震。あれほどひどい揺れは想像できなかった。あれは一体何だったのか。」という声を被災地で幾度となく聞いた。双子の地震はそれほどまでに酷い傷を被災地に残した。

生存空間の有無が生死を分けた

熊本地震では16万棟あまりの建物が被害を受けた。家を失ったばかりでなく、中には、それを支える敷地も損傷を受けているケースがある。住宅の再築をどうするか。その前に敷地をどう修復するか。あるいは同じ場所に住み続けるかどうかなど、個々の被災者が抱える迷いや悩みは様々だ。そうした大きな難題に直面しながらも多くの人は明るい気持ちを失っていない。「わたしらがショボンとしていたのでは周りも暗くなるので、いつも通り明るい声を出すようにしています」。「下を向いたままでは何も始まらないので、しっかり前を見て進もうと思います」という声を多くの人から聞いた。

多数の倒壊住宅の中で不幸にして亡くなられた方がいる。生存空間が残されていなかったのだ。その一方で、ぎりぎりの狭い空間に閉じ込められながら生還を果たした例もある。こうした災害事例の一つ一つを、私たちは我が身に置き換えて考えることが大事だ。

自分の家は、大地震の際、壊れるのか壊れないのか、壊れるとすればどんな壊れ方をするのか、そのとき生存空間は残るのかどうか、脱出ルートはあるのだろうか。こうしたことを想像してみよう。過去の災害事例を数多く観察することで、地震による建物破壊への理解を深めることができる。災害事例は常に自分の身に引き寄せて考えよう。

第2　2011年　東日本大震災 [その1]

津波はこのように人を襲った

東日本大震災		人　的　被　害（人）		
2011年3月11日(金)　午後2時46分		死　者	不明者	負傷者
Mw9.0	深さ24km	19,533	2,585	6,230
最大震度7		住　宅　被　害（棟）		
宮城県栗原市		全　壊	半　壊	一部破損
		121,768	280,160	744,396

〔平成23年東北地方太平洋沖地震（東日本大震災）について（第155報）　消防庁災害対策本部〕
（Mw：モーメントマグニチュード）（平成29年3月8日現在）

　宮城県栗原市で震度7を記録したのをはじめ、東日本の広い範囲で震度6強や6弱を観測した。地震の数十分あとから繰り返し襲来した大津波は沿岸部の諸都市や集落など広い範囲を破壊し尽くした。総務省消防庁災害対策本部の「平成23年（2011年）東北地方太平洋沖地震について（第155報）」によれば、地震と津波による死者、行方不明者は22,118人にのぼる。（平成29年3月8日現在。）空前の大災害となった。

　地震が起きた瞬間、あるいはその後津波が襲来したそのとき、人々はどんな状況に追い込まれたのだろうか。宮城県南三陸町の被災事例を検証してみよう。

1　街の中心が忽然と姿を消した

南三陸町の津波被害

　三方を山に囲まれた南三陸町。目の前に広がる志津川湾では、カキ、ホタテ、ホヤ、ワカメなどの養殖が盛んに行われている。中心市街地は湾に面した志津川地区に形成され、ここには町役場、宮城県の地方事務所、警察署、消防本部、ＪＲ東日本の志津川駅、病院、水産加工団地などがあったが、ことごとく津波の被害を受け、町そのものが姿を消してしまった。当時の人口は18,000人あまり。このうち620人が亡くなり、214人が行方不明となった。

津波による浸水の状況

　内閣府が発表した「東北地方太平洋沖地震を教訓とした地震・津波対策に関する専門調査会報告・参考図表集」の中に、宮城県南三陸町の浸水状況を示す地図がある。この地図を見ると、

第1章　過去の地震被害を再検証する

津波による浸水は平野部を覆い尽くしていることがわかる。山に向かってひときわ細長く陥入しているところは谷筋にあたり、川が流れている。そこには登米市など他の町に通じる主要道路が通り、街並みもこれに沿って築かれている。津波は、まさにこうした人里エリアを選択的に襲う結果となった。

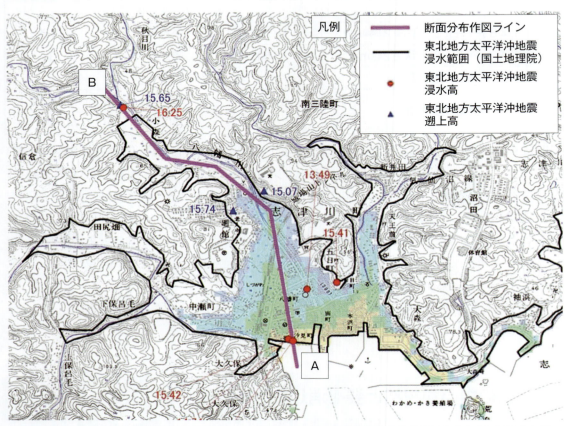

「東北地方太平洋沖地震を教訓とした地震・津波対策に関する専門調査会報告参考図表集」（中央防災会議）

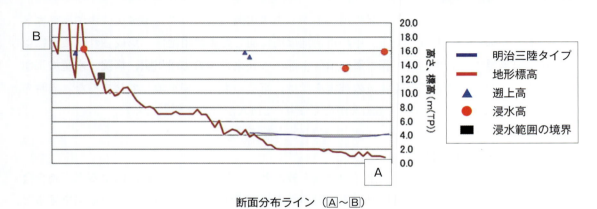

断面分布ライン（A～B）

第2　2011年　東日本大震災［その1］

現地に入ると……

　地図上のＡ地点とＢ地点とを結ぶライン（断面分布ライン）は、国道398号線（人吉街道）とほぼ重なり合う。この道をさらに北西へ進んで峠を越え、下り道を辿れば、内陸部の登米市に達する。地震発生16日後の３月27日、筆者はこの道を逆に辿り、登米市経由で南三陸町に入った。峠を越え、平野部に到達したとたんに目に入ってきたのは、おびただしい数の破壊された住宅の残骸だ。海岸まではまだ３キロくらいあるはずだが、そこに広がるのは繁華な街並みではなく、累々と続く破壊された家々。ささくれ立った柱や梁が天を突くように屹立し、ガレキのあいだには何隻もの船が挟まっている。こんなところにまで船が……（本書の写真は、特にことわりのないものは筆者の撮影。）

〔海岸から３キロ地点　津波到達の最奥部　山にぶつかって津波はやっと止まった〕

　上の写真は地図上のＢ地点付近。津波浸水の最奥部だ。南三陸町を襲った津波は平野部を満たしたあと、およそ３キロ先で山にぶつかり、ここでようやく止まった。平坦地に建つ住宅はことごとく破壊され、山裾に建つ１～２列のみがかろうじて原型を保っていた。

　ここから海岸へ向かってさらに１キロ進むと、町並みがあったはずの所に３階建てのビルがポツンと残されていた。宮城県の出先機関が入る合同庁舎だ。１階から３階まですべての大窓が破られ、ガレキが突き刺さり、津波が激しい勢いで通過していった跡が残る。この地点でも津波はこの高さをキープしていたのだ。金曜日の午後、ここには執務中の職員もいたはずである。一体どんなことが起きていたのだろうか。

31

第1章　過去の地震被害を再検証する

〔海岸から2キロ地点　宮城県南三陸合同庁舎〕

〔3階の窓に突き刺さる建物の残骸〕

　さらに海岸に向けて1.5キロ先、A〜Bの中間地点にある南三陸町の防災対策庁舎。隣接していた町役場の建物や多くの商店、民家などがことごとく姿を消し、残っているのはこの防災対策庁舎の骨組みのみ。3階の屋上には漁網の浮き球がからみついている。津波襲来時、屋上では40人あまりの職員が海を見ていた。津波の激流が屋上の高さを越えたとき、30人あまりが吹き飛ばされ、10人が生き残った。体験者の証言を後ほど紹介する。

第2　2011年　東日本大震災［その1］

〔海岸から1.5キロ地点　南三陸町防災対策庁舎〕

　海岸から300メートル地点に建つ公立志津川病院。東館4階の窓にも津波が通り抜けた痕跡が見える。ここでは一体どんなことが起きていたのだろうか。

〔海岸から300メートル地点　公立志津川病院　見えているのは4階建ての東館〕

　1階のエントランスには他の場所から流れ着いた赤い鉄骨が激突、車も横抱きに刺さり込んでいる。

第1章　過去の地震被害を再検証する

〔1階の正面玄関に激突した鉄骨と乗用車〕

その脇にはチリ地震津波の水位を示した標識が立っていた。

〔チリ地震津波の水位をしめす標識〕

　海岸に建つ町営住宅を陸側から撮影。3階の屋根の上に木造住宅の残骸が残されている。おそらく海へ戻る引き波で運ばれてきたものだろう。この高さでここを往復した津波、何という光景だ。

第2　2011年　東日本大震災［その1］

〔町営住宅は海に面して建っている　屋根の上には住宅の残骸〕

〔公務員住宅の3階屋上に取り残された乗用車〕

第1章　過去の地震被害を再検証する

〔志津川漁港近くの商店街　津波は破壊の限りを尽くした〕

　これまで紹介した写真は、いずれも震災16日後の3月27日に現地入りして撮影したもの。震災直後は建物の残骸が町中を埋め尽くし、公園や住宅地の境目もはっきりせず道路までもが見えなくなっていたはずである。その後最初に行われたのが、ブルドーザーを使って道路を切りひらくことだった。筆者が現地に入ったこのときは、主要な道路だけはガレキが除かれ、海岸部まで到達することができたが、町なかに人の姿はほとんど無かった。災害の全体像はこの時点ではまだはっきりせず、いわば現在進行形の状態であった。車を失った多くの人は、避難所に身を寄せながら、別れ別れになった家族の手がかりを求めて、いくつもの避難所や遺体安置所を徒歩でめぐる毎日であった。今をどうやって生き延びるかで手一杯、詳しいお話を聞ける段階ではなかった。

2　体験者たちの証言

　地震が発生したとき、そして津波が襲来した瞬間に、この町で一体どんなことが起きたのだろうか。多くの人は、どのような状況で命を落としていったのだろうか。その詳しい状況が、のちの現地調査で明らかになった。いくつかの証言を紹介する。

海岸から3キロ地点　自宅近くで津波を目撃した佐藤道男さん

　海岸から3キロ、平野部が終わってこれから山道にさしかかろうという地点に佐藤道男さん

の家がある。佐藤さんは、地震のあと、余震を警戒して農業用のビニールハウスの中に避難していたが、「津波が来た！」という叫び声を聞き、すぐに母親（83歳）の手を引いて目の前の高台に登った。振り返って見たものは、海の方角から迫り来る津波の姿だった。「こんなところにまで津波が…」。建て込んだ家並みはみるみる破壊され、原形をとどめる建物はごくわずかだ。山際にある佐藤さんの家は、かろうじて床上30センチの浸水でとどまった。

〔佐藤道男さん〕

〔避難した高台からは海は見えない〕

津波が襲来する様子を佐藤さんは次のように話している。

「津波の姿はまるでカベのようでした。真っ黒い壁が立ち上がり、ぐるぐる回りながら、ガレキを呑み込んで、バリバリッと轟音を立てて迫ってきました。家の近くに手頃な高台があったので助かりました！まさかここまで津波が来るとは思ってもいませんでした。というのは、チリ地震津波の経験が記憶にあったからです。あのときの浸水区域は海岸から1キロまででした。ここまでは来なかったです」。

佐藤さんが目撃した「真っ黒い壁がぐるぐる回りながら」「ガレキを呑み込んでバリバリッと轟音を立てて」迫ってきた津波は一体どんな姿をしていたのだろうか。

海岸から2キロ地点　宮城県南三陸合同庁舎の屋上で助かった鈴木春光さん

当時、南三陸町の町議会議員をつとめていた鈴木春光さんは、議会終了後直ちに自宅のある入谷地区へ向かった。入谷は、津波到達の最奥部よりさらに上の登米市寄りにあり、津波被害はなかった。鈴木さんがちょうど県の合同庁舎の前を通りかかったとき、中にいた職員の一人が「津波が迫っている！」と叫びながら、はだしで飛び出してきた。そのまま3階建てのビルの屋上に上がり、津波の襲来を目の当たりにした。このとき屋上には、勤務中の県職員や近所

第1章　過去の地震被害を再検証する

の避難者など13人がいた。以下は鈴木さんの証言。

「津波が近づくにつれて、町の方角から土煙が上がるのが見えました。大火災のようでしたね。津波の姿は海面全体が陸地より高くなった感じで、そのまま迫ってきました。最高潮位となったのは午後3時38〜39分頃、このビルで15.9メートル、庁舎の3階天井まで達しました。このまま海がふくらみ続けたらダメだなと思って、さらに高い給水建屋に13人全員で上がったんです。屋上周囲には胸の高さまでのコンクリート

「津波は庁舎の3階にまで達した」と語る鈴木春光さん

壁があって、ギリギリで守られました。こんどは引き波が襲ってきた。すごい速さでした。その後もう1回津波が来たときはずっと低かったです。3階へ降りる階段はガレキでふさがれ通れない。降りるルートを探して建物裏手の非常口からやっと脱出しました。外の道路はガレキが散乱して、水も残っていたので、流れついた角材や板を渡して通路を作ったんです。道路の舗装がめくれあがって、消防車の残骸なども転がっていました」。

合同庁舎にいた13人は全員助かった。頑丈なビルであったが、海から遠い距離にあることから津波避難ビルには指定されていなかった。3階の窓にもガレキが突き刺さり、大津波が予想を遙かに超える地点まで到達したことを示している。

海岸から2キロ地点　建物ごと津波で流された料理店経営・高橋　修さん

海岸から2キロ地点で料理店を営んでいた高橋修さんは建物ごと津波に押し流されたが、屋根に上がって漂流し、生き延びることができた。4人家族のうちの3人は別の場所にいて難を逃れた。以下は高橋さんの談話。

「そのときは2階の窓から津波を見ていました。大きい建物だったのですが、津波がドンとぶつかって中の荷物があふれ出しました。突き上げられて、そのまま家ごと流されて、その後は水の中でアブアブ……立ち泳ぎ状態だったです。何回も水中に引き込まれましたが、時折天井に首を近づけては息継ぎをしました。そのうち屋根がバリバリと破れてバーッと広がったので一気

もと店のあった場所で語る高橋　修さん

に屋根の上に這い上がったんです。流れ着いた場所はもとの場所から1キロ以上内陸でした。

まわりの景色を見てわかりました。こんな所まで家ごと流されたとは信じられませんでした。屋根に這い上がったとき天井にぶつけたらしく、頭に怪我をしていました。胸から腹にかけては擦り傷だらけ。その夜は寒気を感じたので隣町の病院に行って入院しました。耳からは大量の乾いた砂が出てきました。流されている最中は何とか生き延びようと無我夢中で、一部は記憶が抜け落ちています」。

海岸から0.5キロ地点　防災対策庁舎の屋上で生還した遠藤健治さん

　防災対策庁舎に隣接する南三陸町役場。その2階には南三陸町議会の議場があり、3月議会最終日のこの日、すべての議案を議了して町長が結びの挨拶をしていた。そこへ震度6弱の地震が襲った。議会はただちに散会、職員たちはそのまま防災配備についた。当時、南三陸町の副町長をつとめていた遠藤健治さんは、記憶を丹念にたどりながら次のように話している。

「地震発生と同時に議場全体が地響きに襲われました。すぐ廊下に出て柱につかまるも、揺れが激しくて1階に降りられない。議員の中には机の下にもぐった人もいました。長い揺れが治まってから階下に降りて自席に戻りましたが、机の引き出はあいて、キャビネットも倒れていました。職員はただちに3号配備。課長以上と総務課、企画課の全職員が災害対策本部へ移りました。

遠藤健治さん

（災害対策庁舎の中）。まもなく大津波警報が発令されて避難指示が出されました。3階の図書室に避難していた付近の住民3人と勤務中の職員の大部分が屋上に避難しました」。

「自分は他の職員たちから遅れて最後に屋上に上がったんですが、同時に水がどんどんせり上がってきて、津波はあっという間に屋上に達しました。ヘルメットはかぶっていましたが、眼鏡を放り投げて身構えました。43人の屋上避難者のうち2人が、さらにその上の鉄塔（アンテナ）によじ登りました。次の瞬間激しい水流が全身を襲ってきました。流れに背を向けて鉄柵にしがみつき、強烈な水圧に耐えました。水かさは一時自分の背丈を超えて、全身が水没しましたが、時間は1分前後ではなかったかと思います。水位が下がり再び呼吸ができるようになったとき、今度は強い引き波が来ました。引き波に背を向け、また鉄柵に夢中で抱きつきました。第2波に備えて鉄塔に登ろうとしたが手は血糊でツルツル滑る、服は濡れてズッシリと重い。それでも『生きたい！』、『生き延びよう！』という思いで、互いに声を掛け合い、鉄塔に3回くらい登りました」。

「津波がおさまって来たのはいつごろだったか、階段につもったガレキをどけながら、3階

第1章　過去の地震被害を再検証する

までは降りることができましたが、二階へは降りられない。3階は壁がすべて吹き飛んで、雪混じりの強風が吹き荒れていました。ひどい寒さのなか、ここで夜明けを待つしかありません。43人の屋上避難者のうち、生存しているのは10人。励まし合いながら極寒の一夜をここで過ごしました。寒さをしのぐために、発泡スチロールや木材を集めて火を付けました。職員の一人がネクタイの芯地を取り出しライターで火を付け、それを種火にしました。すると、意外な反応が返ってきたんです。200メートル離れた公立志津川病院の屋上から『大丈夫か？』という声がしきりに届いたんです。本当に心強かった。この「暖をとるための焚き火」は、ここに生存者がいることを示すシグナルとなったようです」。

「翌朝6時ころ、津波のサイクルは1時間くらいの安定した状況になりました。その間隙を縫って地上に降りることを決意しましたが、ガレキでふさがれた階段は使えない。2階へ降りる手段がない。思いついたのは、建物にからみついている漁網を利用することです。漁網をはずし、ロープを取り出して各自が体に巻き付け、命綱としました。この綱をコントロールしながら、一人一人、3階から2階へ、そして地上へと降りていきました」。

　ときに瞑目しながら、遠藤さんは、さらに次のように言葉をつないだ。

「屋上に上がったのは、自分は最後に近い1人だった。43人の屋上避難者のうち先に上がった人たちは、屋上周囲のフェンスにつかまっていて、激しい水流にフェンスごと吹き飛ばされたようだ。最後に上がった自分は、階段最上部の鉄柵部分にとどまっていたが、ここだけは頑丈な作りになっていて、津波の激流に持って行かれることはなかった。ただ恐ろしい水圧が真横から全身にかかって肋骨にヒビが入っていた。自分が助かったのはこうした偶然の賜物だった……」。

　この事実は、水平に加わる水圧がいかに激しいものであるかを物語っている。流速が増せばそれだけ力は大きくなるはずである。津波は単に人体に水没被害を与えるだけでなく、大きな水圧による物理的損傷を与える恐れがあることを示している。

　遠藤さんの家は海から200メートル地点にあり、津波で流失した。一緒に住んでいた妻と母

第2　2011年　東日本大震災［その1］

親はいち早く避難して無事であった。「地震即避難」「大津波警報即避難」、それが生死を分ける岐路になることがある。

孤立した病院からの脱出　公立志津川病院に勤務・小山かね子さん

　公立志津川病院には、当時、入院患者や病院職員、それに避難者等が347人いて、そのうちの74人が死亡または行方不明となっている。病院は完全に孤立、生き延びた人は西館の5階に避難して一夜を過ごした。ここに勤務していた小山かね子さんは、孤立した病院内で過ごした体験を次のように語っている。

小山かね子さん

　「病院の院内放送で、最初は3階以上に避難してくださいという指示でした。足の悪い人を助けながら登りました。その後「4階以上」「5階以上」と指示が変わって西館の5階からさらに屋上に避難しました。流れて来る家の屋根には人がいて助けを求めていましたが、どうすることもできず、ただ眺めているだけでした。病院のまわりは海みたい。5階の会議室に大勢がギュウ詰めになって座り、一晩過ごしました。患者さんは寝かせてありました。暗闇の中だったので余震がとてもこわかったです。寒くてこごえそうだったので、体を寄せ合って過ごしました。一緒にいた先生の合図で、1時間に1回くらい、立ち上がって体操をしました。電気も水道も止まって外部との連絡手段がなく、上司がようやく通話できたのはNHKでした。NHKに救助を求めたんです。次の日の11時頃ヘリコプターが来ました。旋回しているヘリに向かって、皆が「助けてー！」と言って手を振ったのですが、降りるところがない。ヘリは旋回のあとそのまま行ってしまいました。昼頃までは何をすることもできませんでした。水が引いたあと、入谷の消防の人が何人か病院の中に上がってきてくれました。「潮が引いているので、いまのうちにここから脱出しましょう」といわれ、一人一人名簿に名前と住所を書きました。患者さんも合わせて170人くらい。1時間以上歩ける人だけ避難しましょうという約束で志津川中学校を目指したんです。屋上から下に降りる階段はガレキでいっぱい。それを上から順にどけて、通路を作っていったんです。途中、何体かの遺体を見ました。ショックでした。学校は道を渡った先の高台にあります。学校へ上がる階段にはすごいガレキが入っていて、先発した男の人たちが片付けてゆきました。あと死体なんかもあったのでシーツで隠して、女の人達は男の人達の後について進みました。水が引いていないので、ガレキの中、あっちへ行ったりこっちへ行ったり、足場を探りながらゆっくり歩きました。近い距離だったけれど1時間20分くらいかかったかな。」

第1章　過去の地震被害を再検証する

高台から引き波を撮影　遊漁船業経営・三浦　明さん

　戸倉地区に住む三浦明さんの住宅は海岸の直近、防潮堤のすぐ内側にあった。家族3人で遊漁船業を営んでいた。この日、自宅で地震を感じた三浦さん一家は直ちに避難行動に移った。以下は三浦さんの談話。

　「いままで経験したことがない揺れでした。2階にいて、立ってはいられなかったです。こんなに揺れているのに家はなんで壊れないのだろう。家は本当に丈夫だなと思っていました。家は波打ち際の近くにあって防潮堤はありますが、『間違いなく来るな！』と思ったので、息子に『船はもうあきらめる』といって、とにかく逃げたんです。地震のあと10分くらいで高台へ車で避難して、そこからは、津波に洗われる我が家がよく見えました。第2波と第3波のあいだ頃でしたが、見下ろすと、海から水が無くなったんです。時間は午後4時から4時半くらいのあいだ。カメラを2台持っていたので夢中で写真を撮りましたが、シャッターを切るあいだも不安。こんなに水が引けば、次はもっと大きいのが来ると感じてさらに上の高台に移動しました。島が2つあって、手前、右が竹島、水深は7メートルくらい。左の遠方にあるのが青島、ここまで行くと水深は十数メートルあります。チリ地震津波のときは竹島まで水が引いたが、今回は青島まで引いた。全く初めて見る景色でした。通ってきたばかりの高台への道路は津波で無くなっていました。今は海になっています。とにかく早く避難しなければだめ！。日頃から警報が出るたびに避難していたからね。今まで何回もやっている。これはやっぱり良かったと思いますね」。

〔海底があらわになった……　　撮影　三浦明〕

〔写真を手に語る三浦　明さん〕

　「この高台には車で上がったが、通ってきた道路は津波で無くなってしまった」という三浦明さんの言葉には、ハッとさせられるものがある。躊躇せずに直ちに避難！　何より大事なことだ。

津波が通り過ぎていった建物

　三浦明さんが住んでいた建物は防潮堤のすぐ内側にあって大津波の猛攻を受けたが、奇跡的に躯体だけは残った。極めて珍しいケースだ

〔破壊された堤防（左）とその内側に建つ三浦さんの家（右）〕

〔開口部は1、2階ともすべて破られた　「まだ10年しか住んでいなかったんだ」〕

〔室内のあらゆるドアが吹き飛んでいる　ここにいたら助かっていなかったかもしれない〕

第1章　過去の地震被害を再検証する

〔めくれ上がり折り重なる畳　天井の断熱材は溶解してツララ状に〕

どんな時も地震➡即避難　阿部清幸さん

　海岸部に住んでいる人はどんな避難行動をとったのだろうか。戸倉地区に住んでいた阿部清幸さんは次のように話している。

　「揺れがひどくて家から出るのが大変でした。電柱と電線が暴れて、外に停めてあった車も弾んで倒れそうでした。揺れは長かったです。早く収まってくれないかなあと思っていました。家の中はテレビも何もかも倒れてしまいました。津波にそなえてとにかく避難しようと、ご先祖さまには申し訳ないけれど、位牌も持たずに逃げたんです。山の上から見ていたら、沖から『バリバリ』と音をたてて津波が来ました。最初の夜は60人くらいの人が、寒い雪のなか、あの山の高いところで過ごしました。病人が一人いて、小さい社の中に入れました。車が10台く

「地震があるといつも即刻避難してきた」と語る阿部清幸さん

らい上がっていたので、年寄りたちは車の中に入れました。我々は火をたいて暖まりました。遠くの空が真っ赤になって、それを見て『何だべ、何だべ？』と叫びました。あとで知ったが、結局それは気仙沼の大火事でした。その夜は山の畑から大根やネギを抜いて食べました。地震と津波は付きもので、我々は小さい頃から、『地震だ！というと津波だ！』ということで、常に即刻避難してきました。我々にとってそれは何でもないこと。津波は、災害のうちで、まず、一番厳しい。今回は昼間だったからまだ良かったね」。

　この地域では、海岸沿いに道が走り、入り江ごとに集落がある。海岸沿いにあるこうした集落では、地震➡即刻避難という行動が何のためらいもなく行われている。カラ振り避難などを気にする気配は全くない。地震・即避難は、一種の防災文化として沿岸地域にしっかり根付いているようだ。

一方、多くの犠牲者が出たのは、海岸から離れた想定浸水域の外側の地域であったことを、当時の副町長・遠藤健治さんは指摘している。今回の大津波が、想像をはるかに超える規模であったことが、これだけの大被害につながったようだ。

3 GPS波浪計がとらえた津波の姿

繰り返し襲来した大津波は一体どんな姿をしていたのだろうか。またどれくらいの周期で押し寄せたのだろうか。国立研究開発法人・港湾空港技術研究所が岩手県南部沖に設置したGPS波浪計には津波の姿が記録されていた。そのデータを見よう。

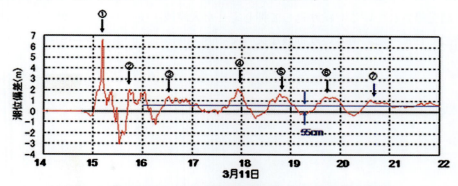

〔国立研究開発法人・港湾空港技術研究所　GPS波浪計の記録〕

グラフの横軸は時間の経過を表す。14時から22時までの8時間に7波の津波が記録されている。その第一波は、ピークが7メートル近く、ボトムはマイナス3メートルであり、両者の落差は10メートル近くに達する。この第一波の時間軸を拡大してみよう。

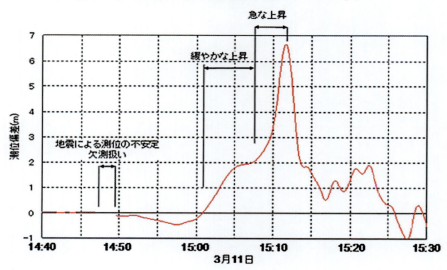

第1章　過去の地震被害を再検証する

　15時5分頃から15時15分近くまで、平均海面より2メートル前後高い状態がおよそ十分間続いている。これが沿岸に到達したときはどんなことが起きたのだろうか。陸よりも高く平らになってしまった海面。そこからは、まるでナイヤガラの滝の様な形で、海水が陸に向かって際限なく落ち続ける…　大津波の姿は、世界中の海水がすべてこちらへ向かってくるのではないかと思わせる光景ではなかったのだろうか。

　グラフによれば、第一波の継続時間は二十数分だった。その間、陸へ上がった津波は平坦な地形が続くかぎり内陸へと広がり続けた。山にぶつかるまで進入したところもある。そのあとには状況一転、海面の高さが平均海面より3メートル前後低くなるという逆のことが起きた。平地を埋め尽くして滞留した大量の海水は、こんどは海に向かって戻り始めた。このとき、建物の残骸や多数の車などが海へと引きずり込まれていった。こうした海面の様子が、グラフの上には7回記録されている。繰り返して押し寄せた大津波。多くの人の命が失われ、町が忽然と姿を消してしまった。何という苛烈な災害だ。

第3 2011年 東日本大震災 [その2]

全貌不明の建物被害

　ここで、津波被害の検討からいったん離れ、地震の震動そのものによる建物被害に目を転じよう。地震の数十分あとから繰り返し襲来した大津波によって、沿岸部の諸都市など広い範囲では、振動そのものによる建物被害の痕跡が根こそぎ失われ、その全体像を俯瞰することは不可能となった。住宅はどのような壊れ方をしたのか、建築災害で死傷した方はどれくらいいたのかなど、分析・研究を進めることは大変困難だ。

　そこで、被災した22の都道府県中で最大の犠牲者を出した宮城県に絞り、さらに、津波被害に遭った沿岸市町村をのぞいた内陸部の市町村を対象に検討を進めよう。

　最終的に検討対象としたのは、内陸部にある19市町村のうち、大崎市と登米市、それに栗原市の三つである。大崎市は内陸部では最大の人口を持つところ。登米市は、住宅の全壊が200棟を超えたところ。栗原市は最大震度7を記録したところだ。3つの市がそれぞれどのようなタイプの人身被害を出したのか、限られた資料から読み取ってみよう。

大崎市の犠牲者

東日本大震災・大崎市	人 的 被 害（人）			
	死　者	不明者	重傷者	軽傷者
	7	0	79	147
大崎市での最大震度　6強	住 宅 被 害（棟）			
	全　壊	半　壊	一部破損	
	596	2,434	9,138	

〔平成23年東北地方太平洋沖地震（東日本大震災）について（第155報）消防庁災害対策本部〕
（平成29年3月8日現在）

　大崎市は宮城県の内陸北部に位置し、北は秋田県、西は山形県と境を接する。人口はおよそ13万5千人（平成22年）で、仙台市、石巻市に次いで、宮城県内で3番目に大きい。

　上の表は消防庁のデータであるが、一方大崎市が発行した記録[1]では死者は18人、全半壊は3,030棟、一部損壊は9,138棟であった。いずれも、消防庁の記録とは異なる。大崎市の記録によると、死者18人中の11人は、地震当時、市外の沿岸部にいて津波に遭遇した犠牲者である。

1　「東日本大震災の記録」平成26年　大崎市

第1章　過去の地震被害を再検証する

市内で発生した残り7人の死者のうち2人は、「家屋の倒壊による圧死等」、残り5人は災害関連死であった。建築災害が2例、ここで起きたことが確認できる。

　大崎市は、地震による被災都市でありながら、沿岸部の津波被災地からの二次避難者の受け入れを決めた。市内5か所の温泉地にある旅館やホテルの部屋が提供され、南三陸町や石巻市などから、ピーク時には3千人近い人がここに身を寄せた。

登米市の犠牲者

東日本大震災・登米市	人 的 被 害（人）			
	死　者	不明者	重傷者	軽傷者
	9	4	12	40
登米市での最大震度　6強	住 宅 被 害（棟）			
	全　壊	半　壊	一部破損	
	201	1,801	3,362	

〔平成23年東北地方太平洋沖地震（東日本大震災）について（第155報）消防庁災害対策本部〕
（平成29年3月8日現在）

　登米市は宮城県北部に位置し、北は岩手県、東は南三陸町と境を接する。人口は、宮城県内第4位の8万6千人あまり。（平成22年・登米市統計書）米作地帯である。

　総務省消防庁のデータでは死者は9人となっている。一方、登米市災害対策本部が発表した資料[2]によると、死者の合計はこれより多い27人で、その内訳は次の通り。

　震災直接死は19人、災害関連死は8人であった。直接死の19人は、そのすべてが、市外沿岸部での津波犠牲者であって、登米市内での死者はなかった。したがって、200棟を超える住宅が全壊したにもかかわらず、建築災害はなかったことになる。一方の災害関連死8人は、いずれも登米市内で亡くなった方で、消防庁の「死者9人」は、この数字に近いものである。

　登米市は、甚大な津波被害をこうむった南三陸町とじかに境を接している。平常時であれば登米市役所を出発して国道をまっすぐ東に向かい、峠を下れば、およそ二十数キロメートル、30分前後で海岸部に達する。こうした地の利を生かし、他県からの緊急消防援助隊や海外からの国際緊急援助隊などがここに集結した。京都府隊、鳥取県隊、秋田県隊、スイス隊、ドイツ隊、ニュージーランド隊、オーストラリア隊などが宿営しながら、日夜、沿岸部での救出捜索活動に出動していった。

2　「東日本大震災による被害状況等について（第99報）」登米市

栗原市の犠牲者

東日本大震災・栗原市	人的被害（人）			
	死者	不明者	重傷者	軽傷者
	1	0	6	544
栗原市での最大震度　7	住宅被害（棟）			
	全　壊	半　壊	一部破損	
	58	372	4,552	

〔平成23年東北地方太平洋沖地震（東日本大震災）について（第155報）消防庁災害対策本部〕
〔平成29年3月8日現在〕

　人口はおよそ7万6千。東日本大震災における最大震度7を観測したにもかかわらず、栗原市内では死者は出なかった。消防庁のデータで死者1とあるのは、市外（南三陸町）で津波に遭遇して亡くなった方である。

内陸地域にも多くの津波犠牲者

　3市の死者について、もう一度整理しよう。

大崎市	死者18人 ➡ 市外での溺死11人、建築災害2人、災害関連死5人
登米市	死者27人 ➡ 市外での溺死19人、災害関連死8人
栗原市	死者1人 ➡ 市外（南三陸町）で津波の犠牲となった方

　「住宅の倒壊　➡　圧死」というタイプの建築災害は、大崎市での死者2人が確認できるにとどまる。この大震災による死者の圧倒的多数は、やはり津波による犠牲者であった。

　内陸部にあるこれら3つの市は、市域が津波による浸水被害を受けることはなかったが、市民の中から多くの津波犠牲者を出した。たまたま沿岸部の町にいた人たちだ。沿岸の町では、津波は中心市街地やさらにその奥の郊外まで、平坦な地形が続く限り広がり続け、広い範囲を破壊し尽くした。ビジネス客や買い物客などで賑わっていただろう金曜日の午後、沿岸部の町中では多くの人が突然の大災害に襲われ、命を落としていった。肉親や知人を津波で失い、深い苦しみを負った人は、沿岸部の住民にとどまらず、内陸部の市民の中にも大勢いることを心に留めておきたい。

　一方、沿岸部の町（例えば南三陸町）に視点を移して考えると、津波犠牲者は町民だけにとどまらず、町外からの多くの来訪者を含む結果となった。建物が建て混んだ中心市街地や住宅地などからは海が見えず、そこが海に近いことを自覚していた来訪者はあまりいなかったのではないだろうか。津波に遭遇した人たちは、「すぐに逃げる！」「少しでも高い所に！」「少しでも遠いところへ！」ということを語る。ある人はきっぱりと、ある人は諭すように語ってい

第1章　過去の地震被害を再検証する

た。こちらの眼を直視しながらの言葉には心に迫る激しい力があった。

　このことを、私たち自身の日ごろの行動や意識に置き換えて考えてみよう。沿岸部の都市を訪れているときに、私自身は、そこが津波の浸水想定区域に入っているかどうかを意識することはあまりないし、避難すべき方角や避難先を絶えず確かめるということもしてない。こうした希薄な津波意識のもと、大津波警報が突然発表されることがあれば、一体どうしたらよいのか、私自身がとまどうことになるだろう。

　津波が襲来する前には、多くの場合地震が発生する。これを有力なシグナルととらえ、津波注意報や大津波警報の発表を待たずに、すぐに避難などの行動に移ること。これが、最も現実的な対処法であると、被災した人たちは強く訴えている。その訴えかけを、津波に遭わなかった私たちも、次の世代に語り継いでゆく責務がある。命をつなぐリレーの輪の中にいる者の一人として……　地震を感じたら鋭敏な津波警戒のアンテナをピンと立てること。それが生存への道である。

第4 2011年 東日本大震災 [その3]

もう一つの大災害 地盤の液状化被害

空前の大被害 地盤の液状化現象

東日本大震災は、このように津波被害が突出していて、我々が受けた衝撃も大きい。ところがもう一つ、地盤の液状化被害が甚大であったことも忘れてはならない。被害は東北から関東まで、内陸部を含めて広い地域に及んだ。液状化現象は、地震の震動に伴って地盤が「おしるこ」のようにゆるくなってしまうこと。住宅が傾いたり沈下したりする。こうした地盤の液状化現象は、人工造成地などもともと軟弱な地盤のところで発生しやすく、臨海部の埋め立て地にあるコンビナートでは石油タンクが傾くこともある。

家が傾き、上下水道も使用不能に

千葉県浦安市では震度5強を記録、29人が負傷したが死者はなかった。地震の長い揺れにともない、人工地盤の上に築かれたこの町では、マンホールの浮き上がりや噴砂現象が多発した。

浦安市の面積は、昭和23年当時は4.43平方キロメートルであったものが、昭和39年から始まった公有海面埋め立て事業により、昭和56年には、4倍近い16.98平方キロメートルに拡大した。市域のおよそ3／4にあたる面積が埋め立て地である。ここに、外国の街並みを思わせる素敵な街区が形成されたほか、臨海部には大型リゾート施設（東京ディズニーランド）や工業ゾーンも割りふられ、首都圏の旺盛な需要に支えられて発展を遂げた。地盤の液状化による被害が出たのはこの人工地盤の上である。

〔浦安市　住宅地の被害〕

第1章　過去の地震被害を再検証する

　住宅地では建物が傾いたり沈下したり、地中のインフラ施設が損傷したりして上水道や下水道が一部で使えなくなった。家庭では、水道はもちろんトイレも一時使用不能になるなど、生活に大きな支障が生じた。

〔浦安市内　路上に敷設された給水管〕

　浦安市では上水道の新しい給水管を路上にじかに敷設してたくさんの蛇口を設けた。公園には簡易トイレを設置して当座をしのいだ。

〔浦安市内　浮き上がったマンホールと住宅街に置かれた仮設トイレ〕

　この地域にある住宅のうち9,940棟について被害調査が行われた結果、被害がなかったのはおよそ1割の993棟にとどまる。残り8,947棟の被害状況は以下のとおり。（平成23年11月現在浦安市調査。）

全　壊	大規模半壊	半　壊	一部損壊	被害なし	合　計
18	1,548	2,159	5,222	993	9,940

第4　2011年　東日本大震災［その3］

ライフラインの復旧状況は次のとおり。

ガス	3月30日	上水道	4月6日	下水道	4月15日

　ライフラインなど浦安市の都市機能は、このように震災後1か月あまりで復旧したが、各住戸の復旧や再建はまちまちだ。
　首都圏内にある都市特有の問題も出現した。地震発生と同時に鉄道が止まり多くの帰宅困難者が出たことだ。学校施設に避難した5300人（当日夕刻）のうち市民等は3600人であった。残り1700人はここに身を寄せた帰宅困難者で、その割合は全体の1/3に迫る。浦安市教育委員会がまとめた報告[3]には帰宅困難者について次のような例が紹介されている。

- 私立高校の生徒及び教員の約500人が小学校に避難
- テーマパークに来園していた県外の中学生約500人が小学校（2校）へ避難

　同報告にはこのほか、「避難者自身が食事や毛布、ストーブ等の運搬作業を積極的に手伝った。グループごとに責任者を決め、責任者同士がお互いに協力していたケースも複数校で見受けられた」という記述もある。見知らぬ同士の大きな集団が突然形成されるという事態のなか、全体の秩序がよく保たれていたことが伺える。
　地盤の液状化現象が見られたのは、こうした沿岸都市だけではない。東北から首都圏にかけて、内陸各地でも広い範囲にわたって被害が発生した。

内陸部でも被害　千葉県我孫子市の例

　千葉県我孫子市も内陸被災地の一つ。震度5弱を観測した我孫子市は利根川の河口からおよそ80キロの上流域にある。地震による長時間の揺れや、その後の余震に伴い、市内の至る所で地面から水や砂が吹き出し始め、破損した水道管からの漏水も加わって、さながら水害地のような光景となった。

---

[3] 「東日本大震災発生時における学校の対応等調査報告のまとめ」（浦安市教育委員会）

第1章　過去の地震被害を再検証する

〔市街地を覆う水と砂　撮影　我孫子市役所〕

　現地に入って目に付くのは、大きく傾いた電柱や、わずかに傾斜した住宅、そして「垂直に沈んだ建物」の姿である。

　右の写真は鉄筋コンクリート2階建ての建物。ドアノブが地面すれすれまで沈んでいる。建物に傾きはなく、鉛直線を保ったまま垂直に沈んだ。沈下量は1メートル以上か。

〔建物が垂直に沈んだ…　撮影　鈴木恵美子〕

床が盛り上がった!?

　こちらは酒店の店舗。床が盛り上がっているように見えるが、沈んだのは建物の躯体部分だけで、床面はもとの水準を保った。その結果、床が盛り上がり、天井が低くなったように見える。建物の沈下量は50センチ前後。

　経営者の村田増子さんは次のように話している。

〔床が盛り上がったように見えるが…　撮影　鈴木恵美子〕

「地震の瞬間は陳列棚の酒ビンがカタカタ揺れて数本が落下した程度で、地震による被害は軽かったです。『ずいぶん長く揺れるね。やだね』と話し合っているうち、30分くらい経って2回目の余震がきました。そのとき、地面から水や砂が噴き出したりして、建物もこのとき下

第4　2011年　東日本大震災 [その3]

がりました。はじめは床が浮き上がったように見えたんですが、それは目の錯覚でした。静かに下がったので、棚の上のワインの瓶はビクともしませんでした」。

住宅内部では……

　このような床の盛り上がりは一般の住宅内部でもみられた。金子秀行さんの住宅（写真の○印）は、外観は無被害だが、全体が70センチ沈み込み、1階洋間の床が大きく盛り上がった。

〔赤い○印が金子秀行宅　撮影　我孫子市〕　　〔盛り上がった1階の床　撮影　丸井俊彦〕

　玄関では土間コンクリートが壊れ、上がり框とそれに続く床が跳ね上がった。

〔玄関のたたきと上がり框　撮影　丸井俊彦〕

　地震当時、この家には、ご夫婦と孫（7歳女児）がいた。庭の見える居間でコタツに入っているときに震度5弱の揺れが始まった。この家では家具は倒れず、3人にケガはなかった。そのときの様子を、金子さんは次のように語っている。
　「地震と同時に建物全体が大きな音を出し始めました。揺れているあいだは身動きできません。庭に地割れが走って、そこから砂と水が吹き出すのが見えました。地面全体がせり上がってきたような感じです」。

第1章　過去の地震被害を再検証する

もと沼地だったところに被害が集中

　我孫子市の中でも被害が特に集中したのは利根川の右岸に拓けた我孫子市布佐東部地区。ここでは、調査した213棟のうち、被害がなかったのは15棟にとどまる。内訳は次のとおり。

全　壊	大規模半壊	半　壊	一部損壊	被害なし	合　計
110	1	17	70	15	213

土地の来歴

　被害が集中した布佐東部地区には我孫子市の現地復興対策室が開かれ、復旧・復興業務にあたっている。土地の来歴について、渡辺昌則室長（当時）は次のように話している。

- 明治3年に利根川はここで決壊した。そのとき、激しい水流で岸がえぐられ、沼ができた。「切所沼」と呼ばれている。
- 昭和27年にここで河川改修が行われた。川砂をポンプで浚渫して沼を埋め戻し、宅地として整備された。
- その後市街化が進み、今は住宅や事業所が建ち並ぶ風景が広がっている。現在の街並みの中には、昔の自然地形を想像させるものは何もない。
- 液状化被害が集中した地区を古い地形図と重ね合わせると、かつての沼の位置と完全に一致する。

〔古い地形図と決壊跡（沼地）　図版提供　我孫子市〕

〔現在の街並みと被害集中地区（赤い斜線部分）　図版提供　我孫子市〕
＊被害集中地区は、かつての沼の位置と重なり合う。

　我孫子市は、多くの建物や地盤が深刻な被害を受けながら、東日本大震災による直接死の死者はゼロ、軽傷者は2人だった。地盤の液状化による建物沈下が「ゆっくり現象」だったと語られていることと関係があるかもしれない。直接死はなかったものの、住宅の大破とあわせ、敷地も損なわれたケースがあり、大きな資産価値を失う結果となった。被災した方は、その後の人生に重い負担を背負うことになるだろう。

全半壊の認定基準が変わった

　地盤の液状化現象に伴う住宅被害については、従来は傾き方の程度によって、全壊、半壊などの認定が行われていた。今回は、従来にない垂直に沈む被害が多発したことから、国は「地盤に係る住家被害認定の運用」を見直し、震災から3か月後、垂直沈下についても判定基準を加えた。以下のとおり。

「床上1メートルまで」が	全　　壊
「床まで」が	大規模半壊
「基礎の天端25センチまで」が	半　　壊

　これによって、我孫子市では被害棟数の区分が大きく変わった。

　東日本大震災は、あまりにも大きな災害であるだけに、被害のタイプを特定したり、その全体像をつかんだりすることは難しい。ここまでは、津波、建物被害、地盤の液状化の3点からアプローチを試みたが、本稿でとりあげたのは災害全体のごく一部に過ぎない。この大災害は、あのときに始まり、今も続く現在進行形の災害である。

第5 2009年　駿河湾の地震
室内災害の典型例

駿河湾の地震		人 的 被 害（人）			
2009年8月11日(火)　午前5時7分		死　者	不明者	重傷者	軽傷者
M6.5	深さ23km	1	0	19	300
最大震度　6弱		住 宅 被 害（棟）			
静岡県伊豆市　焼津市		全　壊	半　壊	一部破損	
牧之原市　御前崎市		0	6	8,672	

〔駿河湾を震源とする地震（第23報）　消防庁〕

就寝時間帯に発生した典型的な室内災害

　駿河湾を震源とする地震が発生したのは午前5時7分ごろ。静岡県の伊豆市、焼津市、牧之原市、御前崎市で震度6弱を観測した。牧之原市内では東名高速道路の路肩が崩落。この区間は1週間にわたり通行不能となり、日本の東西を結ぶ物流に大きな影響が出た。この地震による建物の全壊はゼロ、半壊は6棟であった。建物被害は限定的であったものの、多数の死傷者が出た。未明のベッドを襲った震度6弱の地震、室内では一体どんなことが起きていたのだろうか。

明らかとなった死傷時の状況

　320人の死傷者のうち312人は静岡県内で発生した。消防庁の集計とは別に、静岡県は速報[4]を発表し、死傷時の状況を明らかにしている。全事例の公開はまれなことで、具体的な研究への重要な足掛かりとなった。まず、その分析から始めよう。死傷原因はいくつかのパターンに分類できるので、分類のうえ類型別に紹介する。事例の一つ一つは吟味しながら読むことが大事だ。次の地震で私たち自身が陥る状況であるかもしれないからだ。

4　〔静岡県地震速報（第21報）静岡県〕

第5　2009年　駿河湾の地震

1 死傷原因をタイプ別に分類する

(1)　落下物型（58件）

まず、上から落ちてきた物に当たってケガをしたケースが58件あった。以下のとおり。

・沼 津 市（女性８歳）軽症・テレビ落下による頭部打撲　緊急搬送
・静 岡 市（男性18歳）軽症・27インチテレビが足に落下し、右足打撲　緊急搬送
・焼 津 市（女性43歳）重症・テレビが落下し、骨盤骨折入院　緊急搬送
・焼 津 市（男性76歳）軽症・自宅テレビ落下により左下腿挫傷（夫婦）　緊急搬送
・焼 津 市（女性75歳）軽症・自宅テレビ落下により右足打撲（夫婦）　緊急搬送
・藤 枝 市（女性32歳）軽症・テレビが落下し、頭部打撲　緊急搬送
・西伊豆町（女性84歳）軽症・テレビが落ちてきて足を打撲
・伊豆の国市（女性71歳）軽症・テレビの落下による頭部負傷、切傷
・静 岡 市（女性28歳）軽症・テレビが頭部に落下し、顔面打撲
・静 岡 市（女性23歳）軽症・テレビが足元に落ちてきた（縫合）
・静 岡 市（男性43歳）軽症・テレビが足に落ち打撲
・静 岡 市（女性28歳）軽症・テレビが頭部に落下し負傷
・静 岡 市（女性74歳）軽症・テレビが落下し、左前腕に当たり打撲
・静 岡 市（男性60歳）軽症・テレビが右大腿部に落下し、右大腿部挫傷
・静 岡 市（女性69歳）軽症・テレビが落下し両膝打撲
・静 岡 市（女性・年齢不明）軽症・テレビが落ちてきて腰部打撲
・静 岡 市（女性16歳）軽症・テレビが頭部におちてきた
・静 岡 市（男性33歳）軽症・テレビが落ちてきて肘に当たった
・静 岡 市（男性68歳）軽症・テレビが落ちてきて右足に当たった
・静 岡 市（女性53歳）軽症・ＴＶが転倒し右足挫創
・島 田 市（女性48歳）軽症・ＴＶ落下して頭を１ｃｍ程度切った
・島 田 市（男性75歳）軽症・テレビが落下し、左足の下腿挫創
・伊 東 市（女性74歳）不明・ヤカンが頭部に落下。脳挫傷の疑い　緊急搬送
・伊 東 市（女性４歳）軽症・陶器が落下し、頭皮の圧挫傷・軽症　緊急搬送
・伊 東 市（女性73歳）軽症・電球の傘が落下し腰を打撲
・伊 豆 市（女性67歳）軽症・落下物で頭部負傷
・函 南 町（女性72歳）軽症・落下物による頭部の負傷
・裾 野 市（女性75歳）軽症・腰部挫傷（額が落ちてきて負傷）
・静 岡 市（男性22歳）軽症・苛性ソーダが目に入った

第1章　過去の地震被害を再検証する

- 静　岡　市（男性13歳）軽症・トロフィーが頭部に落下し、頭部打撲
- 静　岡　市（男性72歳）軽症・左足の上に重たいものが落下し、左足打撲
- 静　岡　市（男性67歳）軽症・落下物にて頭部外傷（縫合）
- 静　岡　市（女性38歳）軽症・落下物にて頭部打撲
- 静　岡　市（女性50歳）軽症・時計が落下し左手坐傷
- 静　岡　市（男性40歳）軽症・パソコンが落下し、打撲
- 静　岡　市（男性39歳）軽症・スピーカーが落下し、顔面挫傷
- 静　岡　市（女性56歳）軽症・パソコンが落下し打撲
- 静　岡　市（女性65歳）軽症・棚上のダンボール箱が落下、頭頂部挫創
- 静　岡　市（男性66歳）軽症・花器が落ちて前額部裂創
- 静　岡　市（女性47歳）軽症・物が落ちてきて顔に当たった
- 静　岡　市（女性44歳）軽症・時計が右足の上に落ちた
- 静　岡　市（女性45歳）軽症・木の板が足の甲に落下
- 静　岡　市（男性70歳）軽症・地震による落下物（タンスの上から）
- 静　岡　市（女性88歳）軽症・鍋の湯が足背にかかり熱傷
- 静　岡　市（男性46歳）軽症・時計が落下し口唇裂傷
- 静　岡　市（男性30歳）軽症・花瓶が落ちて頭部挫創
- 静　岡　市（女性33歳）軽症・食器が落ちてきた
- 藤　枝　市（男性27歳）軽症・瀬戸物が頭部にあたり、頭部切創
- 牧之原市（女性60歳代）軽症・ピンがあたり額の切創
- 牧之原市（男性70歳代）軽症・地震の時に飛んできたもので頬を切った
- 牧之原市（男性8歳）軽症・神棚が落ち前額部割創
- 牧之原市（男性74歳）軽症・落ちてきた物があたり、頭部挫創
- 牧之原市（女性71歳）軽症・やかんが落下し、両下腿熱傷、両足挫創
- 島　田　市（女性11歳）軽症・ケースが落下し、左足の脛骨付近切創（縫合）
- 菊　川　市（女性20歳）軽症・お酒のビンが倒れ頭部打撲、右耳切傷
- 御前崎市（女性59歳）軽症・額に物が当たり病院にて処置後、帰宅
- 掛　川　市（女性41歳）軽症・額縁が頭部に落下し、頭部負傷、受診済
- 掛　川　市（女性91歳）軽症・瓦で頭部に落下し、頭部負傷、受診済

　地震が起きた午前5時7分は、87.4％の人が就寝中であった（「国民生活時間調査2010」NHK放送文化研究所）。ベッドに向かって落下した物体は、テレビ、パソコン、照明器具、時計、スピーカー、花瓶、神棚、額縁など、いずれも身近にあるものばかり。ひとたび地震が起きれば、これらはたちまち凶器に変身することがある。

　これら落下物型58件中の22件はテレビの落下によるケガであった。ご夫婦が同じテレビでそ

れぞれ右足と左足に負傷したケースもあり、ベッドの位置とテレビ受信機の設置場所がきわめて近かった様子がうかがえる。総務省統計局の「平成21年全国消費実態調査～主要耐久消費財に関する結果～」によると、1,000世帯あたりのテレビの保有台数は2,191台であり、居間のほか、寝室にも置かれていたことが十分考えられる。「寝ながらテレビを楽しむ」という生活スタイルが、思わぬ事故につながったようだ。

(2) 転倒物型（22件）

　タンスや本棚など、まわりにある家具・建具などが倒れてきて死傷した事例は22件あった。以下のとおり。

- ・静　岡　市（女性25歳）軽症・テレビ台が当たり打撲
- ・静　岡　市（男性49歳）軽症・棚が倒れ、本・ＤＶＤなどが落下し、下肢打撲　緊急搬送
- ・静　岡　市（男性44歳）軽症・家具（タンス）が転倒し頭頂部挫傷　緊急搬送
- ・静　岡　市（女性43歳）死亡・本棚転倒、腹部圧迫による窒息死
- ・静　岡　市（男性50歳）重症・倒れてきた棚を支えようとして指の靭帯損傷
- ・静　岡　市（女性28歳）軽症・板が倒れ、右前腕打撲・挫創
- ・静　岡　市（男性77歳）軽症・板状の石が倒れて右下腿にあたる
- ・静　岡　市（女性27歳）軽症・ふすまが倒れて足を打撲
- ・静　岡　市（男性42歳）軽症・倒れてきたものが指に当たる
- ・静　岡　市（男性45歳）軽症・本棚が倒れて腰腎部打撲
- ・静　岡　市（女性70歳）軽症・ミシンが転倒、左５趾骨折
- ・牧之原市（女性60歳代）軽症・家の中で家具等が倒れて腕を挟まれた
- ・牧之原市（女性46歳）軽症・タンスが転倒し左肋骨骨折
- ・牧之原市（男性96歳）　　　・本棚が倒れ右第９肋骨骨折
- ・牧之原市（女性79歳）軽症・ヒーターが倒れ右足打撲・挫創
- ・牧之原市（男性・年齢不明）軽症・タンスが倒れてきて腕を負傷
- ・菊　川　市（男児　２歳）軽症・タンス倒れ切傷
- ・菊　川　市（男性33歳）軽症・タンス倒れ打撲
- ・御前崎市（男性37歳）軽症・ロッカーが倒れてきて負傷、医院で治療
- ・御前崎市（男児５歳）軽症・白羽地区、テレビ倒れ足けが　緊急搬送
- ・菊　川　市（女性11歳）軽症・テレビ倒れ鼻負傷
- ・菊　川　市（女性83歳）軽症・テレビ倒れ打撲

　転倒物型22件のうち、「家具」によるものは13件であった。数としては少なかったが、この地震での唯一の死亡例がここに含まれている。静岡市駿河区で、43歳の女性が、転倒した本棚とたくさんの本に埋まって亡くなったケースだ。胸を圧迫されての窒息死とみられている。本

第1章　過去の地震被害を再検証する

棚は、家具の中でも一番倒れやすい姿をしているので要注意。
　重量の大きな家具は、一般に、震度4くらいまでの地震では移動・転倒することはまれであるが、震度5弱程度からは移動や転倒が目立ち始める。さらに揺れが大きくなると、東西方向に置いた家具も南北方向に置いた家具も、部屋の中央に向かって、つまり人間に向かって倒れかかってくる。ひとたび動き始めると、それはたちまち重大な結果をもたらす。これが、室内災害の恐ろしさだ。

(3) 転落型（26件）

　地震発生と同時に行動を起こし、「転落」してケガをしたケースは26件あった。そのうち、「ベッドからの転落」は13件、「階段からの転落・転倒」は8件、「2階の窓や屋根からの転落」は5件あった。以下のとおり。

- 焼津市（女性99歳）軽症・ベッドから転落し坐骨骨折　緊急搬送
- 静岡市（男性35歳）軽症・ベッドから飛び降り、右踵部挫傷
- 静岡市（女性78歳）軽症・びっくりして起きた時にベッドから落下し打撲
- 静岡市（女性78歳）軽症・ベッドから転落、左股関節打撲
- 静岡市（女性85歳）軽症・ベッドから落下、左顔面・頚部打撲
- 静岡市（男性79歳）軽症・椅子から転倒し、前額部を切った
- 静岡市（男性63歳）軽症・ベッドから落ちて手の指を骨折
- 静岡市（女性71歳）軽症・ベッドから起き上がった際に左手首を突いた
- 静岡市（男性87歳）軽症・ベッドから降りた際に転倒し胸部をぶつけた
- 静岡市（女性76歳）軽症・ベッドから落ちて打撲
- 藤枝市（女性81歳）軽症・ベッドから転落し、顔面切創・左手骨折
- 牧之原市（女性57歳）軽症・ベッドから落ち、頚椎捻挫、腰椎捻挫、左股関節捻挫
- 島田市（男性82歳）軽症・ベッドから転倒、頭部打撲
- 三島市（女性52歳）軽症・自宅階段で転倒
- 裾野市（女性75歳）重症・階段を踏み外し、肋骨骨折
- 静岡市（女性22歳）軽症・あわてて階段から転落し尻もちをついた
- 静岡市（女性38歳）軽症・階段で滑った
- 静岡市（女性75歳）軽症・あわてて階段から滑り落ちた
- 静岡市（女性71歳）軽症・あわてて階段より転落
- 静岡市（女性74歳）重症・階段より転倒、左上腕骨骨折
- 牧之原市（男性16歳）軽症・階段を踏み外し左足関節捻挫
- 伊豆市（男性65歳）軽症・屋根瓦修理のため、屋根にのぼり落下して負傷　緊急搬送
- 磐田市（男性45歳）重症・避難中1階の屋根から地表に落下し腰部骨折　緊急搬送

・富士市（男性28歳）重症・地震に驚き、2階から飛び降り、両足踵を骨折
・静岡市（男性27歳）軽症・屋根から降りて、膝で唇を外傷
・牧之原市（男性62歳）軽症・屋根から転落し頭部挫創、胸部打撲

　「起き上がってベッドから降りる」という動作は、平常時であれば何でもないことだ。しかし、激しい揺れの最中では、体を自由にコントロールするという、できるはずのことができなくなるようだ。「2階から階段を通って1階に降りる」という、これも何でもない動作。それがスムーズにできなくなる。これが地震時の人の反応だ。さらに驚くべきことに、「2階の窓や屋根からの転落」が5件あった。

　いずれも平常時であれば考えられない行動である。激しい揺れに襲われたときの心的動揺がいかに大きいものか、それをうかがわせる事例である。このほか、車椅子からの転落が1件あった。

(4) 自己転倒（35件）

「滑った」「ころんだ」「つまづいた」という「自己転倒」は35件あった。以下のとおり。
・富士市（女性16歳）軽症・転倒時に手が痙攣　緊急搬送
・静岡市（男性77歳）軽症・転倒し、腰部打撲　緊急搬送
・静岡市（男性48歳）重症・あわてて滑り、転倒し骨折　緊急搬送
・島田市（女性83歳）軽症・地震発生時に車椅子から立とうとして転倒　緊急搬送
・伊東市（女性72歳）軽症・転倒して左肘を骨折
・静岡市（女性65歳）軽症・つまずいて腰を打撲
・静岡市（女性49歳）軽症・左腕をつき、左肘関節脱臼
・静岡市（男性52歳）軽症・術後の足をつき受傷
・静岡市（女性84歳）重症・あわてて転倒し第1腰椎を圧迫骨折
・静岡市（女性76歳）軽症・玄関で尻もちをついた
・静岡市（女性86歳）驚いて転倒し打撲
・静岡市（男性56歳）軽症・右母趾をひっかけて転倒
・静岡市（女性82歳）軽症・布団にしりもちをつき腰部打撲
・静岡市（男性67歳）重症・あわてて転倒により骨折
・静岡市（女性30歳）軽症・あわてて転倒により打撲
・静岡市（女性84歳）地震で転倒、右膝、腰打撲
・静岡市（女性61歳）軽症・水道管の破裂で押入が水浸し、中の荷物を搬出中転んだ
・静岡市（女性74歳）軽症・あわてて転倒、右足骨折
・静岡市（女性67歳）軽症・あわてて転倒、腰痛
・静岡市（女性71歳）軽症・転倒し腰、右胸関節痛

第1章　過去の地震被害を再検証する

・静 岡 市（女性61歳）軽症・転倒、左4指脱臼
・静 岡 市（女性90歳）軽症・転倒、腰部打撲
・藤 枝 市（男性73歳）軽症・転倒により腰部打撲
・藤 枝 市（男性47歳）軽症・転倒により骨折（手）
・藤 枝 市（男性52歳）軽症・転倒により肩打撲
・藤 枝 市（男性35歳）軽症・車から出ようとして転倒し、頭部切創
・牧之原市（女性84歳）軽症・尻もちをつき、第一腰椎圧迫骨折
・牧之原市（女性61歳）軽症・転倒し右第9肋骨骨折
・牧之原市（女性69歳）軽症・転び右撓骨遠位端骨折
・島 田 市（男性71歳）軽症・転んで右臀部打撲、右足脛部挫創・腹部打撲
・島 田 市（男性14歳）軽症・よろけて手をつき右手関節の捻挫
・島 田 市（女性62歳）軽症・避難時に暗くてつまづき、顔面打撲
・菊 川 市（男性81歳）軽症・左手をつき、手首負傷
・御前崎市（女性78歳）軽症・屋外で転倒、CT撮影結果打撲の診断で帰宅
・掛 川 市（男性87歳）軽症・地震に慌てて外に出ようとして玄関で転んだ、臀部打撲

　自己転倒型のケガは全体の1割を超える。体のバランスをうまく保つことは、揺れている最中はむずかしいようだ。

(5)　衝突型（34件）
こちらから何かに向かって突進し、体をぶつけてしまったケース。
・伊 東 市（女性76歳）軽症・柱に頭部をぶつけて打撲
・静 岡 市（女性56歳）軽症・鉄パイプに足の指をぶつけ骨折
・静 岡 市（女性66歳）重症・柱に腰椎を強打し尻もちをつき転倒・腰椎圧迫骨折
・静 岡 市（女性25歳）軽症・テレビに腕が当たり打撲
・静 岡 市（女性63歳）軽症・ベッドに右の足の小指をぶつける
・静 岡 市（男性85歳）軽症・あわてて起きた時に腰の打撲
・静 岡 市（男性71歳）軽症・柱にぶつけ左下腿打撲・挫傷
・静 岡 市（女性55歳）軽症・地震後、片づけ中に打撲
・静 岡 市（男性77歳）軽症・窓に前額部を強打し挫創
・静 岡 市（女性70歳）軽症・あわてて逃げようとして立ち上がり、ふすまにぶつかり挫創
・静 岡 市（男性53歳）軽症・タンスを押さえたときに左足をぶつけ左母趾末端骨骨折
・静 岡 市（男性69歳）軽症・飛び起きたとき、つまずいて左足をぶつけ左母趾末端骨骨折
・静 岡 市（女性19歳）軽症・左足をあわてて壁にぶつけた
・静 岡 市（女性18歳）軽症・寝室から居間に逃げる時に肩をぶつけた

・静　岡　市（女性57歳）軽症・柱に足の指をぶつけ骨折。歩行可能
・静　岡　市（女性43歳）軽症・あわてて棚にぶつかった、打撲
・静　岡　市（女性85歳）軽症・あわてて階段でぶつけた・趾骨折
・静　岡　市（男性69歳）軽症・とびだした引き出しで打ち切った
・静　岡　市（女性14歳）軽症・荷物に足をぶつけた
・牧之原市（女性82歳）軽症・柱にぶつけ目の挫創（外傷二次感染）
・島　田　市（女性62歳）軽症・飛び起きた際に左膝・右胸部打撲
・島　田　市（男性84歳）軽症・飛び起きた際に左肘を挫傷
・島　田　市（女性72歳）軽症・ぶつけて左腕内出血、右肩打撲
・御前崎市（男性81歳）軽症・ふすまにあたり負傷、ＣＴ撮影結果打撲の診断で帰宅
・掛　川　市（女性68歳）軽症・アルミサッシと戸の間に左小指を挟む、左小指挫傷
・掛　川　市（女性31歳）軽症・給水に出向き蛇口に顔面をぶつける、顔面挫傷
・静　岡　市（女性28歳）軽症・何かにつかまった時に左母指を切る
・島　田　市（男性73歳）軽症・あわてて立ち上がり右足親指の骨折
・静　岡　市（女性35歳）軽症・机の下にもぐろうとして骨折
・静　岡　市（女性65歳）軽症・机の下にもぐろうとして怪我
・静　岡　市（女性74歳）軽症・コタツの下にもぐった時に胸部を痛めた
・静　岡　市（女性59歳）軽症・テーブルの下にもぐった際に股関節を痛めた
・島　田　市（女性83歳）軽症・ベッドの下に入ろうとして左膝を打撲
・島　田　市（女性61歳）軽症・片付けの際に頭部外傷

この「衝突型」の中には、「コタツの下にもぐった時に胸部を痛めた」、「テーブルの下にもぐった際に股関節を痛めた」、「ベッドの下に入ろうとして左膝を打撲」など、防災行動中と思われるものが５件含まれている。注目すべき受傷例だ。

(6)　ガラス関与型（57件）

「割れたガラスを踏んで足の裏に切り傷を負った」など、ガラスが関与したけがは57件あった。以下のとおり。
・静　岡　市（女性27歳）軽症・落下した額縁の割れたガラスを踏んで足底部挫傷　緊急搬送
・静　岡　市（男性68歳）軽症・落下したビンで左足、左第４・５指、頭部切創・　緊急搬送
・静　岡　市（女性27歳）軽症・片づけをしていて、割れたコップで下腿を切る（縫合）　緊急搬送
・静　岡　市（女性79歳）軽症・ガラス片で足を切った
・静　岡　市（女性61歳）軽症・ガラスの破片をふみ、左足切創
・静　岡　市（男性65歳）軽症・ガラスで左手小指を切る（縫合）

第 1 章　過去の地震被害を再検証する

- 静 岡 市（女性42歳）軽症・ガラスで手を切る・縫合
- 静 岡 市（女性65歳）軽症・ガラスコップで右中指を切る（縫合）
- 静 岡 市（女性50歳）軽症・ガラスのコップで手を切る（縫合）
- 静 岡 市（女性37歳）軽症・割れた陶器の破片を踏む（縫合）
- 静 岡 市（女性33歳）軽症・食器棚を開けた時割れた皿が落下、左大腿・右足首を切った
- 静 岡 市（男性60歳）軽症・ガラスで足を切った
- 静 岡 市（男性71歳）軽症・割れたガラスに右腕を突っ込み受傷
- 静 岡 市（男性35歳）軽症・割れたガラスが刺さり受傷
- 静 岡 市（女性79歳）軽症・割れたガラスを踏んで受傷
- 静 岡 市（女性74歳）軽症・割れたコップを片付けていて手に刺さる
- 静 岡 市（女性73歳）軽症・ガラスで足の指を切った
- 静 岡 市（女性35歳）軽症・割れたガラスを踏んで右足に切創
- 静 岡 市（男児1歳）軽症・割れたガラスを踏んで右足に切創
- 静 岡 市（男性28歳）軽症・割れたガラスでひじを切った
- 静 岡 市（女性34歳）軽症・割れた皿で足を切った
- 静 岡 市（男性60歳）軽症・割れたガラスのコップを踏んだ
- 静 岡 市（女性70歳）軽症・ガラス片が足底にささった
- 静 岡 市（男性77歳）軽症・ガラス片が右手指に刺さった
- 静 岡 市（男性19歳）軽症・ガラス片が左足底に刺さった
- 静 岡 市（女性75歳）軽症・壊れたガラスのコップで左指を切る
- 静 岡 市（女性71歳）軽症・花瓶が落下しその破片が足に刺さった
- 静 岡 市（女性32歳）軽症・陶器による足の切創（3針縫合）
- 静 岡 市（男性81歳）軽症・ガラスにより切創
- 静 岡 市（女性・年齢不明）軽症・割れたガラスで足裏切り傷
- 静 岡 市（女性54歳）軽症・破損したガラスを踏んでしまった・足底異物刺入
- 静 岡 市（女性44歳）軽症・割れたコップふんだ
- 静 岡 市（男性45歳）軽症・ゆがんだガラス戸を開けた際ガラスが割れ左関節部を切った
- 静 岡 市（女性36歳）軽症・食器棚の中のコップが落ちて割れて左足で踏んで切傷
- 静 岡 市（女性70歳）軽症・地震で割れたガラスで左上腕を切創
- 静 岡 市（男性41歳）軽症・割れたガラス瓶の破片にて左足関節切る
- 静 岡 市（女性24歳）軽症・割れたガラス破片をふみ左足底切る
- 静 岡 市（男性77歳）軽症・ガラスが刺さった
- 静 岡 市（女性52歳）軽症・ガラスを踏んで足を切った
- 静 岡 市（女性41歳）軽症・ガラスをさわって切った

・静 岡 市（女性64歳）軽症・倒れたステンレス板を片付ける時、右手指切る
・西伊豆町（男性16歳）軽症・ガラスで足を切った
・伊 東 市（女性31歳）軽症・ガラスを踏み左足に切り傷
・沼 津 市（男性75歳）軽症・ガラスで左足切傷　緊急搬送
・焼 津 市（女性82歳）軽症・ガラスが割れ、左下肢切創　緊急搬送
・焼 津 市（女性65歳）軽症・片づけをしていてガラスで頸部切創　緊急搬送
・焼 津 市（女性16歳）軽症・ガラスによる切創
・吉 田 町（男性74歳）軽症・ガラスで切傷
・吉 田 町（女性58歳）軽症・ガラスで切傷
・吉 田 町（女性17歳）軽症・ガラスで切傷
・牧之原市（女性20歳）軽症・割れたガラスが足に刺さり右足第一趾切創
・牧之原市（男性52歳）軽症・割れたガラスを踏み左足底部挫創
・牧之原市（男性56歳）軽症・割れたガラスで切り、右母指挫創
・牧之原市（女性78歳）軽症・割れたガラスを踏み右足底異物
・牧之原市（男性74歳）軽症・ガラスの破片が刺さり、左足甲の挫創
・牧之原市（男性86歳）軽症・コップの破片が当たり右手甲の挫創
・島 田 市（女性23歳）軽症・花瓶が割れ、右踵部切創・左足の下腿挫傷

　ガラスによるケガは大出血を伴うことがある。そうなると急いで医療機関で止血処置を受けなければならない。コップを落して割ってしまうことは普段でもときどきあることだが、それを片付けていてケガをすることは、平常時であれば考えにくい。57人という数字は、人身被害の中でも際立って大きい。

(7) 内発型（22件）

　「急激なアクションを起こして体を傷めてしまった」、「もともと抱えていた体の不具合が地震のショックで一気に顕在化した」など、身体内発型のケースは22件あった。
・富 士 市（女性63歳）軽症・ギックリ腰　緊急搬送
・静 岡 市（女性72歳）重症・驚いて腰痛が悪化（入院）変形性腰痛症　緊急搬送
・静 岡 市（男性71歳）軽症・地震に驚いて腰をひねった　緊急搬送
・御前崎市（女性72歳）軽症・地震によるショックで菊川病院へ　緊急搬送
・静 岡 市（女性57歳）軽症・地震に驚き、足をくじいて骨折
・静 岡 市（女性46歳）重症・あわてて飛び起き足に力が入り、アキレス腱断裂
・静 岡 市（女性74歳）軽症・あわてて起きあがり腰を捻った
・静 岡 市（男性72歳）軽症・あわてて起き上がり腰を捻った
・静 岡 市（女性79歳）軽症・血圧上昇・動悸

第1章　過去の地震被害を再検証する

- 静　岡　市（女性88歳）軽症・地震後から眩暈・ふらつき
- 静　岡　市（女性63歳）軽症・後片付け中、左足痺れ・痛み・脱力
- 静　岡　市（女性42歳）軽症・飛び起きた時痛め、左腓腹金損傷
- 静　岡　市（女性58歳）軽症・どうしてか分からないが、右上肢を捻り肩関節痛
- 静　岡　市（男性39歳）軽症・腰を捻った
- 静　岡　市（女性90歳）軽症・地震のゆれで気持ちが悪くなった
- 焼　津　市（女性65歳）軽症・めまい
- 牧之原市（女性82歳）軽症・あわてて腰を捻り腰部打撲
- 牧之原市（女性71歳）軽症・逃げる時に捻り右膝関節捻挫
- 牧之原市（女性48歳）軽症・右足捻挫
- 島　田　市（女性65歳）軽症・あわてて立ち上がり左足親指の捻挫
- 島　田　市（男性72歳）軽症・飛び起きた時捻り、右ひざの捻挫
- 島　田　市（女性69歳）軽症・ベッドから立ち上がろうとして、左足大腿四等筋部痛

　腰をひねって傷めてしまうと、避難や地震の後片付けなど、その後の行動が著しく困難になる。

(8)　**特殊事例**

　きわめて特殊な事例が6件あった。全く思いもかけないことが起きるものだ。
- 静　岡　市（女性44歳）軽症・子供の足が右目に当たった
- 静　岡　市（男性30歳）軽症・人を助けようとして、左ひざを傷める
- 静　岡　市（女性54歳）軽症・腕を引っ張られ受傷
- 静　岡　市（女性78歳）軽症・猫に咬まれた
- 静　岡　市（女性54歳）軽症・地震の時に、家人に足を引っ張られ右肩脱臼骨折
- 静　岡　市（男性82歳）軽症・介助の際に前胸部痛

(9)　**状況不明**

　このほか、具体的な記述がないために状況がよくわからないもの、分類不能のものが52件あった。以下のとおり。
- 焼　津　市（男性51歳）軽症・顔面挫傷　緊急搬送
- 焼　津　市（男性40歳）軽症・頭部打撲　緊急搬送
- 焼　津　市（女性74歳）軽症・左下肢打撲　緊急搬送
- 焼　津　市（男性22歳）軽症・額切創　緊急搬送
- 牧之原市（女性59歳）重症・左ひざ骨折　緊急搬送
- 菊　川　市（女性75歳）重軽症・肩骨折（重症）・頭部裂傷（軽症）　緊急搬送

第5　2009年　駿河湾の地震

- 浜 松 市（女性85歳）軽症・頭部負傷、状態軽い　緊急搬送
- 沼 津 市（女性60歳代）軽症・足首打撲
- 富 士 市（女性37歳）軽症・頭部切創
- 富 士 市（男性42歳）軽症・右顔面および右腕に打撲および擦過傷
- 富 士 市（男性79歳）軽症・頭部負傷
- 富士宮市（男性38歳）軽症・左足小指骨折
- 静 岡 市（女性65歳）軽症・左足打撲
- 静 岡 市（男性32歳）軽症・足（指）の挫傷
- 静 岡 市（男性54歳）軽症・右肩打撲し、肩関節脱臼
- 静 岡 市（女性年齢不明）軽症・顔面外傷→一般外来へ
- 静 岡 市（性別年齢不明）軽症・救急車2台受け入れ中のため一般外来受診
- 静 岡 市（女性37歳）軽症・水槽の水がこぼれ、頭部打撲
- 静 岡 市（女性65歳）軽症・腰打撲
- 静 岡 市（男性42歳）軽症・額部裂創
- 静 岡 市（女性45歳）軽症・左足を打撲した
- 静 岡 市（女性57歳）重症・詳細は不明だが右足甲の骨折
- 焼 津 市（男性22歳）軽症・額部挫傷
- 焼 津 市（男性62歳）軽症・頭部打撲
- 焼 津 市（男性78歳）軽症・左肩脱臼
- 焼 津 市（女性25歳）軽症・右肩脱臼
- 焼 津 市（男性44歳）軽症・右足親指骨折
- 焼 津 市（女性23歳）軽症・鼻骨折疑い
- 焼 津 市（女性46歳）軽症・左腕切創
- 焼 津 市（男性22歳）軽症・切傷
- 焼 津 市（男性54歳）軽症・左手・肩打撲
- 焼 津 市（女性33歳）軽症・脇腹打撲
- 焼 津 市（女性75歳）軽症・両膝打撲
- 焼 津 市（女性36歳）軽症・耳切創
- 藤 枝 市（男性36歳）軽症・腹部打撲
- 藤 枝 市（女性52歳）軽症・左肩打撲
- 藤 枝 市（女性58歳）軽症・指打撲
- 吉 田 町（男性90歳）軽症・額2cm切っている、家族が病院搬送
- 牧之原市（女性47歳）軽症・左母指挫創
- 島 田 市（女性61歳）軽症・左足の第4指基節骨折

第1章　過去の地震被害を再検証する

- 菊 川 市（男性46歳）軽症・太もも挫傷
- 菊 川 市（女性37歳）軽症・頭部切傷
- 菊 川 市（男性41歳）軽症・両下肢打撲
- 菊 川 市（女性42歳）軽症・頭部切傷
- 菊 川 市（男性49歳）軽症・頭部切傷
- 菊 川 市（男性37歳）重症・かかと骨折
- 菊 川 市（男性79歳）重症・かかと骨折
- 菊 川 市（男性小3）重症・アキレス腱断裂
- 袋 井 市（女性71歳）軽症・肩脱臼、自力で病院へ、受診済
- 掛 川 市（男性39歳）軽症・足の切傷
- 掛 川 市（女性80歳）軽症・腰部打撲
- 浜 松 市（女性81歳）軽症・左手甲を骨折

2　全体の傾向を再検証すると……

以外に多い「能動型」のケガ

　死傷者312人の状況分類は以上のとおりである。これらの分類結果をもう一度集め、別の視点から全体の傾向を探ってみよう。

重大事故につながる「受動型」

　分類結果の①「落下物型」と②「転倒物型」は、物体が直接人体を襲うというケースで、人の体にそのまま物理的損傷が加えられる。人身被害の中では最も一般的なタイプだ。312人の県内死傷者中80人（25.6％）がこの「受動型」の死傷者であった。

　忘れてはならないことは、室内にある最大の落下危険物は実は家具の上段であることだ。家具の上段は、落下すると、最初の一撃で人に致命傷を与える恐れがある。室内災害を未然に防ぐためには家具を厳重に固定しておくことが欠かせない。

心がけ次第で防げる「能動型」

　③「転落型」、④「自己転倒型」、⑤「衝突型」、⑥「ガラス関与型」、⑦「内発型」は、いずれも急にアクションを起こしたためにケガをしたり、体に不調をきたしたりしたもの。思い切ってこれらを一つのカテゴリーと解釈してみよう。強いて言えば「自爆型自損事故」ともいえる能動タイプのものだ。（きつい表現だが、ご容赦ください。）自損型の事例は174件、死傷者全体の55.8％にも及んだ。地震が発生すると体が反射的に動いてけがをしてしまう。これが死傷原因の半数以上を占めていることに、あらためて注目しよう。冷静に行動すれば負傷者の数が半分以下に減ることになるが、現実にはそれができない。「落ち着いて行動しよう」などの

呼びかけだけでは効果がないようだ。自損事故を減らすための有効な処方箋を考える必要がある。

タイプ		状況		人	合計	人	%
受動型	落下物型	落下物一般 （うちテレビ22人）		58 (22)	受動型	80	25.6
	転倒物型	家具・建具等		22			
能動型	行動起因型	転落	ベッドから	13	能動型	174	55.8
			階段から	8			
			二階から	5			
		自己転倒		35			
		内発		22			
	対物起因型	衝突		34			
		ガラス関与		57			
特殊事例				6	特殊事例	6	1.9
状況不明				52	状況不明	52	16.7
合計				312		312	100

死傷時の状況（静岡県地震速報第21報による）

「自損事故」が第4のテーマとして浮上

　注目に値することは、静岡県内で発生した死傷者312人中、半数以上の174人が「自損事故」であったことだ。「建築災害」や「土砂災害」、「室内災害」と並んで、「自損事故」が、第四の大きなテーマとして浮上した。心的動揺が背景にあると思われるこうした災害を防ぐには、様々な角度からの分析・研究はもちろん、そこから何らかの処方箋を導き出すことも必要となる。いずれにしても課題の一つである。

　死傷事例312件の一つ一つは、突発の地震に襲われたときの私たち自身の姿でもある。これらのケースのどれかに、私たちも追い込まれるのではないだろうか。重量物は普段から低い位置に収納する、家具はしっかり留めておくなど、事前に手を打っておくことを考えよう。

建築災害はなかった

　ところで、この地震による住宅被害は、全壊ゼロ、半壊6棟、一部破損8,672棟であった。したがって、建物が倒壊して人を死亡させる「建築災害」はなかった。しかし、全壊ゼロのこの地震であっても320人もの死傷者を出したことが注目される。住宅の耐震性云々ということとは別に、家具固定などの室内対策が「独立した課題」として存在することを示している。（死亡1は、本棚の転倒による。）

第6 2008年　岩手県沿岸北部の地震

自損事故が多発か

岩手県沿岸北部の地震		人 的 被 害 （人）			
2008年7月24日㈭ 午前0時26分 発生		死者	行方不明	重傷者	軽傷者
M6.8	深さ108km	1	0	35	176
最大震度6弱		住 宅 被 害 （棟）			
青森県八戸市　五戸町　階上町		全　壊	半　壊	一部破損	
岩手県野田村		1	0	379	

〔岩手県沿岸北部を震源とする地震（第25報）　消防庁〕

青森・岩手に被害が集中

　真夜中の発生であった。震源が100キロ以上と深かったので、住宅被害は、全壊1、半壊ゼロにとどまった。一方、死傷者は、北海道、青森、岩手、宮城、秋田、山形、福島、千葉の8道県で発生、212人を数える。負傷者の数は、岩手県が90人、青森県で94人と、この2県に集中した。

　この地震による唯一の死者は、福島県いわき市内の64歳の女性。地震発生時にベッドから降りようとして転落、治療中であったがその後死亡した。「自損型」の死者である。一方、住宅の全壊は青森県八戸市で発生した1棟のみ。住宅の全壊と死者との直接の因果関係は、この地震では認められない。

岩手県がまとめた重傷者の詳報

　個別の死傷原因について、212人全体を一覧表示したデータはないが、このうちの岩手県分について、岩手県総合防災室がまとめたものがあり[5]、重傷者12人について、受傷の状況が記されている。次のとおり。

5　「岩手県沿岸北部を震源とする地震に伴う対応状況」岩手県総合防災室

盛岡市	重傷1	階段で転倒し足骨折		ほかに軽傷5
雫石町	—			軽傷1
葛巻町	重傷1	避難途中で足首を捻り、骨部損傷		—
花巻市	—			軽傷5
遠野市	—			軽傷5
金ヶ崎町	—			軽傷1
釜石市	—			軽傷2
宮古市	重傷5	避難の際にアキレス腱断裂など		ほかに軽傷11
大槌町	—			軽傷2
一関市	重傷2	ベッドから転落で頸椎損傷など		ほかに軽傷1
山田町	—			軽傷3
岩泉町	—			軽傷2
川井村	—			軽傷2
久慈市	重傷3	落下物による骨折など		ほかに軽傷10
北上市	重傷2	箪笥にわき腹をぶつけ肋骨骨折等		ほかに軽傷4
西和賀町	重傷1	ベッドから転落で鎖骨骨折		—
奥州市	重傷1	避難時に転倒し手首骨折		軽傷5
大船渡市	重傷1	屋根の点検中誤って転落		ほかに軽傷4
陸前高田市	重傷1	屋根瓦補修時に屋根から転落		—
軽米町	—			軽傷1
洋野町	重傷2	玄関で転倒など		ほかに軽傷1
普代村	—			軽傷1
田野畑村	重傷1	地震に驚き体調を崩し、救急搬送		—
合計	重傷21			軽傷66

　収載された事例が少ないので、このデータから死傷者212人全体の死傷原因の傾向を推し量ることはできない。しかし、これら12件の記述のうち10件までが「自損型」の負傷であることは注目に値する。ほかに「落下物型」1、「内発型」1。

第7 2008年　岩手・宮城内陸地震

災害のタイプは土砂災害

岩手・宮城内陸地震		人　的　被　害　（人）			
2008年6月14日㈯　午前8時43分		死　者	行方不明	重傷者	軽傷者
M7.2	深さ8km	17	6	70	356
最大震度6強		住　宅　被　害　（棟）			
岩手県奥州市　宮城県栗原市		全　壊	半　壊	一部破損	
^	^	30	146	2,521	

〔平成20年岩手・宮城内陸地震（第79報）　消防庁〕

内陸部で震度6強　災害タイプは土砂災害

　震源は岩手県内陸南部。震度6強を岩手県奥州市と宮城県栗原市で観測したほか、両県の広い範囲で震度6弱や震度5強を記録した。人的被害と住宅被害は、岩手、宮城、秋田、山形、福島の5県に広がり、このうち宮城県が最大の被災地となった。

　上記の表は、総務省消防庁が地震発生から2年後の平成22年6月に発表したもの。この時点でもなお6人の方が行方不明のままだ。死者17人の死亡時の状況は以下のとおり。

（一 関 市）	地震に驚き道路に飛び出し、交通事故死したもの
（奥 州 市）	胆沢ダム建設工事現場の落石で、救出時ＣＰＡ状態の傷病者の死亡確認
（いわき市）	岩場で釣りをしていたところ、地震の落石で海へ転落したもので、死亡確認
（栗 原 市）	花山地区で治山工事中の作業員が土砂崩れにより生き埋め、3人の死亡確認
（栗 原 市）	湯浜温泉で車両埋没、死亡確認
（栗 原 市）	駒の湯温泉で生き埋め、7人の死亡確認。うち2人は再捜索により、平成21年7月1日に発見。同日、死亡確認
（仙 台 市）	当日の地震により、書籍が崩れ、その中に埋もれることによって生じた呼吸困難、つまり、体位性窒息による死亡と判明した。
（栗 原 市）	花山地区白糸の滝の吊り橋付近から老夫婦2人が落下し、行方不明となっていたが、再捜索により、平成21年6月9日2人とも白糸の滝の吊り橋付近で発見。同日、死亡確認

　死者17人中の12人は、土石の崩落により犠牲となった。初夏の渓谷にたたずむ駒の湯温泉で

は、旅館1棟が地震に伴う土石流の直撃を受け、ここだけで一挙に7人が犠牲になった。ほかに、転落3、自損型交通事故1（ここでも自損型の死者が出ている）。仙台市内では「地震で崩れた書籍に埋まって窒息死」という室内災害の事例があった。住宅建築と災害死との関連を示す事例はこの中にはない。

　この地震では地盤の大きな変動が顕著であったことから、土砂崩れや落石による犠牲者が多発する結果となった。土砂災害に襲われると激烈な被害をこうむる。建物の耐震性とは別次元の、建築物の立地そのものが損なわれるという深刻なタイプの災害だ。

第8　2007年　新潟県中越沖地震

古い木造住宅に建築災害

新潟県中越沖地震		人 的 被 害 （人）			
2007年7月16日(月)　午前10時13分		死　者	行方不明	重傷者	軽傷者
M6.8	深さ17km	15	0	330	2,016
最大震度6強		住 宅 被 害 （棟）			
長岡市　柏崎市　刈羽村		全　壊	半　壊	一部破損	
長野県飯綱町		1,331	5,710	37,633	

〔平成19年新潟県中越沖地震（確定報）　消防庁〕

死傷時の状況

　柏崎市や刈羽村などで震度6強を観測、柏崎市内では多くの住宅に被害が出た。世界最大規模の原子力発電所・東京電力柏崎刈羽原子力発電所では3号機の変圧器から火災が発生した。定期点検で停止中のものも含め、地震発生以来全号機が運転を止めている。

　この地震による死者は15人、全壊家屋は1331棟であった。15人の死者について、新潟県防災局は次のように発表している[8]。

- 刈羽村（女性79歳）死亡・建物の下敷き
- 柏崎市（男性76歳）死亡・建物の下敷き
- 柏崎市（女性72歳）死亡・建物の下敷き
- 柏崎市（女性78歳）死亡・建物の下敷き
- 柏崎市（女性81歳）死亡・建物の下敷き
- 柏崎市（男性83歳）死亡・建物の下敷き
- 柏崎市（男性83歳）死亡・建物の下敷き
- 柏崎市（女性77歳）死亡・外傷性硬膜下血腫により
- 柏崎市（女性71歳）死亡・建物の下敷き
- 柏崎市（男性76歳）死亡・建物の下敷き
- 柏崎市（男性47歳）死亡・熱傷により
- 柏崎市（男性62歳）死亡・被災によるストレスのため急性心筋梗塞
- 柏崎市（女性70歳）死亡・被災によるストレスのため脳出血

8　平成19年7月16日に発生した新潟県中越沖地震による被害状況について（第284報　最終報）

・柏崎市（男性59歳）死亡・被災によるストレスのため胃潰瘍（大量出血）
・柏崎市（男性59歳）死亡・地震や長期入院によるストレスのため

「住宅の下敷きになって死亡」が10人あった。住宅の破損と死亡との関連を示す「建築災害」の事例だ。ほかに、災害関連死（ストレスで不具合を内発）が4人、「熱傷による死亡」が1人であった。これ以上の詳報は新潟県の発表の中にはない。

建築災害の事例

右の写真は柏崎市内の民家。1階部分が倒壊してなくなっている。60歳代のご夫婦が住んでいた。地震のあと、家の下に乗用車がはさまっているのが外から見え、2人が「在宅中」であると判断した近所の人が心配して警察に連絡、捜索が始まった。そして、午前中に夫が、午後に妻が遺体で運び出された。地震の瞬間に居た場所、そこに生存空間が残されていなかったと考えられる。

一方、こちらは同じ柏崎市内の倒壊した古い木造住宅。平屋プラス中2階という構造で、70歳代の女性が1人で暮らしていた。地震直後、心配して駆けつけた近所の人の耳に、家の下から助けを呼ぶ声が届いた。数人が屋根に上がり、声のする位置をたよりに生き埋め位置を特定した。（赤い丸のところ。）屋根瓦をはがし、その下の天井板を破って中にいた女性を引っ張り上げた。驚いたことに女性にケガはなく、無事であった。

〔沈み込んだ住宅　屋根だけが原形をとどめている〕

第1章　過去の地震被害を再検証する

　ペシャンコに倒壊したものの、家の中に、人一人の体がすっぽり入る「生存空間」が偶然残され、たまたまそこに居たという幸運が重なっての結果と考えられる。一般に、住宅の全壊棟数と死傷者の数は正比例の関係にはない。住宅が全壊、あるいは倒壊したときに中にいる人が死傷するかどうかは複雑な条件が絡み合った問題だ。

室内被害　タンスがフトンの足の位置を襲った

　次に室内被害の例をみよう。写真は柏崎市内の民家二階の様子。三段積みのタンスがふとんの足の位置を襲った。家人は午前7時すぎに起床して床を離れていた。地震発生は午前10時13分。時間差で助かっている。

〔この住宅の外観➡〕

　タンスの元の姿をたどって赤線を入れると複雑なカーブを描く。これは、タンスが空中で舞った様子を示している。単なる転倒ではなく、落下に近い動きだったことが考えられ、床への衝撃は一層大きかったはずである。幸い二人の家人にけがはなかった。
　この住宅は、1階の柱が大きく傾き、全壊と認定されたが、倒壊は免れた。「立ったままの全壊」である。

古い木造住宅に深刻な被害

　建築災害が多発したこの地震について、日本建築学会の報告書の中に、建物の被害程度と建

築年代をクロスチェックしたデータがある[9]。

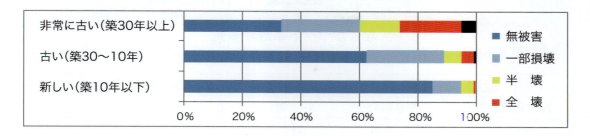

建ててから長い年月を経た古い木造住宅に深刻な被害が出たことを、報告書は指摘している。大きな被害を出したのはやはり古い木造家屋だった。古い住宅をどう手入れするかは頭の痛い問題だ。とくに高齢者にとっては住宅の再築は夢のような話だが、せめて家の中に生存空間が残る手立てだけは施しておきたい。

9 「2007年新潟県中越沖地震災害調査報告」(日本建築学会)

第9 2007年 能登半島地震

なぜかヤケド事故が多発

能登半島地震		人 的 被 害 （人）			
2007年3月25日(日) 午前9時41分		死 者	行方不明	重傷者	軽傷者
M6.9	深さ11km	1	0	91	265
最大震度6強		住 宅 被 害 （棟）			
石川県七尾市　輪島市　穴水町		全 壊	半 壊	一部破損	
		686	1,740	26,958	

〔平成19年能登半島地震（第49報）　消防庁〕

死傷時の状況

　死傷者は、石川、福井、富山、新潟の4つの県で357人、建物の全半壊は2,426棟あった。能登半島西岸の輪島市門前町と東岸の穴水町で大きな被害が出た。死者1人は輪島市内の52歳の女性。自宅の敷地内で、倒れた灯篭の下敷きになって亡くなった。この地震では建物由来の死者はなかった。

　石川県危機管理監室から提供のあった資料には、負傷部位やケガの程度などを記した死傷事故134件の記載がある。このうちの15人については「死傷時の状況」が記されているので、まずそれをみよう。

- 輪島市（女性52歳）死亡・地震により灯籠の下敷きになる
- 能登町（女性83歳）軽傷・テレビ落下による打撲
- 能登町（男性6歳）軽傷・テレビ転倒による頭部打撲
- 能登町（女性67歳）軽傷・落下物による打撲
- 能登町（女性48歳）重傷・落下物による打撲
- 能登町（女性55歳）軽傷・転倒による胸部打撲
- 能登町（女性41歳）軽傷・転倒による胸部打撲
- 穴水町（ー72歳）重傷・地震によりふらつき転倒
- 能登町（男性78歳）軽傷・ポット転倒によるやけど
- 穴水町（ー80歳）重傷・熱湯にて左膝・左手・左下肢を受傷
- 穴水町（ー82歳）重傷・ヤカンの熱湯にて両下肢・右足背を受傷
- 能登町（男性77歳）軽傷・倒れたブロック塀を片付けていて手を負傷
- 能登町（男性51歳）軽傷・倒れたブロック塀を片付けていて手を負傷

・能登町（女性73歳）重傷・倒れたブロック塀を片付けていて足を挟んだもの
・輪島市（男性85歳）軽傷・O_2不足　在宅酸素

これら死傷時の状況をまとめると以下のとおり。転倒物・落下物による負傷が多い。

　　A　転倒物・落下物　　　5人
　　B　自己転倒　　　　　　3人
　　C　やけど　　　　　　　3人
　　D　ブロック塀の片付け中　3人
　　E　その他　　　　　　　1人

なぜかヤケド事故が多発

　これら「死傷時の状況」が記された15件を含め、134件全体を見渡すと、ヤケドによるものが大きく目につく。その数は24人、全体の18％にあたる。ヤケドの事例は次のとおり。

・輪島市（男性84歳）軽傷・足やけど
・輪島市（女性83歳）軽傷・足やけど
・輪島市（女性59歳）軽傷・足やけど
・輪島市（女性73歳）軽傷・両足やけど、手、足
・輪島市（女性60歳）軽傷・左足やけど
・輪島市（男性62歳）軽傷・やけど
・輪島市（女性64歳）軽傷・両足やけど
・輪島市（女性53歳）軽傷・左足やけど
・輪島市（女性66歳）軽傷・やけど三カ所
・輪島市（女性58歳）軽傷・足やけど
・輪島市（女性32歳）重傷・両足やけど
・輪島市（女性79歳）重傷・右下肢やけど
・輪島市（女性35歳）重傷・熱傷、処置
・輪島市（女性38歳）重傷・やけど
・輪島市（女性53歳）重傷・やけど
・輪島市（女性56歳）重傷・やけど
・輪島市（女性89歳）重傷・うでやけど
・輪島市（女性55歳）重傷・手足やけど
・輪島市（女性46歳）重傷・やけど
・輪島市（男性6歳）重傷・やけど
・輪島市（女性77歳）重傷・やけど
・穴水町（ー80歳）重傷・熱湯にて左膝・左手・左下肢を受傷

第1章　過去の地震被害を再検証する

　　・穴水町（ — 82歳）重傷・ヤカンの熱湯にて両下肢・右足背を受傷
　　・能登町（男性78歳）軽傷・ポット転倒によるやけど

　なぜヤケドによる事故がこれほど高率で発生したのだろうか。地震発生は日曜日の午前9時41分、多くの家庭で遅めの朝食をとっていたことが考えられる。国民生活時間調査[6]のデータをみると、日曜日のこの時間に朝食をとっていた人は4.9％で、平日同時間帯の1.7％の3倍近くにのぼる。これが、ヤケド多発の背景にあったようだ。

　人は何時ごろ朝食をとるのだろうか。平日であればそのピークは午前7時から7時30分のあいだで、20％を超える。一方日曜日はこのヤマがあとにずれ、それも分散化の傾向がみられる。いずれにしても、あなたが食事中に地震が突発したときは、ヤケドにご用心。

死傷時の状況を記した他の情報

　上記の情報とは別に、死傷時の状況について記載した資料[7]がある。この中には、次の2件の情報が含まれている。

■東京消防庁は、地震直後に輪島市内で聞き取り調査を行った。建物被害が顕著であった地区の住民を対象にしたもので、対象者63人のうち、負傷者は5人だった。

　　・（女性70歳代）軽傷・揺れにより転倒し頭部を打撲した
　　・（男性60歳代）軽傷・揺れにより転倒し頭部と上肢を打撲した
　　・（女性60歳代）軽傷・ガラスの破片を踏み足の裏を切創した
　　・（女性70歳代）中傷・倒れたタンスで上肢を骨折した
　　・（男児10歳未満）重傷・熱せられたヤカンが転倒し臀部を火傷した

■同報告書の中には、奥能登消防本部がまとめた救急搬送データも収載されている。地震当日の救急搬送のうち、地震に起因する9件について、以下のような「状況」が記されている。

　　・（女性66歳）重傷・倒壊家屋の下敷きとなり腰部を骨折した
　　・（女性62歳）中傷・倒れたタンスに挟まれ足を骨折した
　　・（女性76歳）軽傷・倒壊家屋の下敷きとなり打撲
　　・（女性74歳）重傷・倒れてきた壁に挟まれ左下腿解放骨折
　　・（男性81歳）中傷・揺れにより河原で転倒、腰椎圧迫骨折
　　・（男性65歳）軽傷・倉庫内で、倒れてきた角材が当たり、頭部外傷
　　・（女性63歳）軽傷・台所で湯沸かし中に火傷
　　・（女性39歳）軽傷・屋外に逃げようとして転倒、右第3趾骨折
　　・（女性88歳）中傷・揺れにより自宅廊下で転倒腰を傷めた

6　国民生活時間調査2005（NHK放送文化研究所）
7　「平成19年能登半島地震調査報告書」東京消防庁　平成19年

東京消防庁と奥能登消防本部のデータ合わせて14件の内訳は、「家屋倒壊」や「タンスが倒れてきた」などの受動型が8件、「転倒し骨折」などの自損型が6件、ほかに、「熱いヤカンの湯で火傷」が2件であった。
　全死傷者357人の死傷状況を網羅的に集めた資料はないが、上記3点の内容をみる限り、全壊住宅が686棟あったものの、住宅が倒壊して人を死に至らしめた事例はなかった。死者1人は倒れた灯篭の下敷きになって亡くなったケースである。

室内は風景一変

　ところで、地震直後の室内は、転倒した家具や落下物などでひどい散乱状態になる。被災直後の室内写真を見ると、地震時の家具の挙動やその破壊力の大きさに驚かされる。人身事故に発展しそうな事例がいくつかあり、まずそれらを見よう。
　次の写真は、被災者自らが撮影した穴水町内の民家内部の様子。地震が発生したのは日曜日の午前9時41分のこと。このとき外にいた夫が、地震のあとすぐに家に戻ったところ、玄関からキッチンに通じる廊下は、両側に置いてあった家具がハの字に倒れかかり、抱えていた内容物が廊下を埋め尽くしていた。これは倒れた家具を起こしたところで撮影したもの。奥の方はまだ手がついていない。家人は「家の中に、新しい道を作るようなものだった」と語っている。このときもし家の中にいたら、外へ出ることが困難になっていたことだろう。

〔民家1階の廊下　　撮影　谷口里枝子〕

　同家の2階。ベッドの上にカラーボックスが落下している。本を内蔵したままの状態では重さは30キロにもなる。落下ポイントは、寝ていれば首の位置に相当。さいわい、ベッドの主（男子学生）は他県に進学し、この部屋に住んでいなかったので難を免れた。手前の本棚もベ

第1章　過去の地震被害を再検証する

ッドに向かって倒れかかっているが、ベッドと壁とのあいだにはさまれて、転倒が途中で止まった形になっている。

〔同家２階　大学生の居室　　撮影　谷口里枝子〕

次の写真はその隣室。向こう側に立っていた２段重ねの本箱は、ガラス戸を開いたまま、下段ごとこちら向きに倒れている。

〔撮影　谷口里枝子〕

まだ余震が続くなか、家人はすぐにL字金具を買って、その日のうちにすべての家具を固定した。なお、この家の応急危険度判定は黄色（立ち入る場合は十分注意）であった。建物被害

が限定的であっても、家の中では、悪条件が重なれば深刻な事態に陥る可能性があることを、写真はよく伝えている。

一方、こちらは、被害が集中した輪島市門前町道下地区にある民家内部の様子。2台の食器棚が、相次いで食卓を襲った。

〔食卓を襲った2台の食器棚　撮影　筆者〕

食器棚2台の位置関係は次の図のとおり。

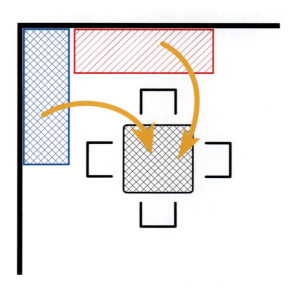

二段重ねの食器棚が2台、食卓の背後にL字形に配置されていた。左側の食器棚は、上の食器棚に押さえつけられ、当初は身動きができなかった。地震の振動が続くにつれ、まず上の食

第1章　過去の地震被害を再検証する

器棚の上段が食卓の上に倒れかかった。これで拘束を解かれた左の食器棚も前のめりに倒れ、2台は重なり合って食卓に覆いかぶさった。もし奥の椅子に座って人が食事中であれば、後頭部を2回強打されたことになる。朝食が終わって2時間後の発災であったので、2人の家人にけがはなかった。

　発災時、夫は近くの公園に出かけ、妻は2階で家事をしていた。階段上部の踊り場では本棚が倒れて本が散乱し、2階から降りようとした妻は、1階への退路を断たれた形となった。「家の中の、立っていたあらゆるものが倒れた」と、妻は、この時の様子を語っている。

〔2階の階段踊り場　撮影　筆者〕

〔同家の外観　撮影　袋井市〕

　右の写真はこの家の外観。昭和45年の建築で、外観上は目立った被害はなく、応急危険度判定は「黄色」（立ち入る場合は注意して）であった。その後の被害調査で、建物本体と基礎とのあいだにズレが見つかり、全壊と認定されて取り壊された。立ったままの全壊である。建物は立ったままだが、中では家具が人の生存空間を脅かしている。

第10

2005年　福岡県西方沖地震

島嶼部に被害集中　都市型災害も

福岡県西方沖地震		人 的 被 害（人）			
2005年3月20日(日)　午前10時53分		死　者	行方不明	重傷者	軽傷者
M7.0	深さ9km	1	0	198	1,006
最大震度6弱		住 宅 被 害（棟）			
福岡市　前原市　佐賀県みやき町		全　壊	半　壊	一部破損	
		144	353	9,338	

〔福岡県西方沖を震源とする地震（確定報）　消防庁〕

死傷時の状況

　福岡県西方沖を震源とする地震が起きたのは3月20日(日)春分の日の昼前。福岡市では観測史上最大の震度6弱を記録し、立っていられないほどの揺れとなった。福岡市中央区にある10階建てのビルからは割れた窓ガラスが雨のように路上に降り注ぎ、その様子がテレビで繰り返し放映されたことが記憶に残る。福岡市が発行した「福岡県西方沖地震記録誌」などをもとに被害の様子を辿ってみよう。

　この地震による唯一の死者はブロック塀の倒壊によるもの。福岡市で75歳の女性がブロック塀の下敷きになり、全身打撲で亡くなった。建物由来の死者はなかった。福岡市内ではヤケド事故が発生した。中央区の百貨店では調理場の鍋が転倒、熱湯に触れるなどして複数の負傷者が出た。救急車3台と消防輸送車1台が対応した。

島嶼部に被害が集中

　家屋全壊などの被害が際だったのは玄界島をはじめとする島嶼部だった。午後には玄界島に現地本部が設置され、救助活動と並行して避難の支援が行われた。玄界島では、傾斜地に密集する住宅地で153棟の住宅が全半壊したことから、夜を待たずに全島避難が始められ、消防艇や市有の客船、海上保安部の巡視艇などで400人が福岡市内の避難所（九電記念体育館）に運ばれた。

　避難活動の中心が海上輸送となったのは他の地震にはあまり例がない。当時救急指導係長として現地で指揮にあたった星川英一さんは、「玄界島は住民自治がきちんと機能していて、避難は大変スムーズに行われた」と話している。

　玄界島では人的被害も発生した。倒壊した住宅の中で、壁とベッドとの間に挟まれた79歳の

第1章　過去の地震被害を再検証する

女性が、救助隊の手で救出されたのをはじめ、電化製品や屋根がわらの落下で足を骨折したり頭に怪我を負ったりした6人が、消防航空隊の2機のヘリコプターで病院に運ばれた。

〔玄界島　倒壊した住宅　　撮影　福岡市消防局〕

都市型災害も多発

一方、この地震では都市型の被害も目立った。「消防年報」[10]には、本土側の福岡市内を中心に39件の「閉じ込め事故」が発生したことが記載されている。以下のとおり。

エレベーター内閉じ込め	出動20件	救助23人
建物内閉じ込め	出動17件	救助8件
倒壊家屋内に閉じ込め	出動1件	救助1人　➡　玄界島での事例
屋根から降りられない	出動1件	救助1人

「エレベーター内閉じ込め事故」の件数が断然多い。消防隊が救出した23人のほか、エレベーター管理会社によって6人が救出されている。エレベーターは地震を感じると自動的に止まり、最寄り階で扉が開放される仕組みになっているが、そのとおりに機能しない設備があることは恐いことだ。これが多発すると、消防などへの社会的負担が大きくなる。

「建物内閉じ込め」は、ドアが開かなくなって外へ出られなくなったなどの事例。消防隊が出動した17件のうち9件は、消防隊の到着前に自力脱出ができていた。

地震に伴う閉じ込め事故は、その後の火災や津波の襲来を考えると重大な結果につながりかねない。各住戸で手立てを講じておこう。

---

10 〔消防年報平成17年版／福岡市消防局発行〕

第11 2004年　新潟県中越地震［その1］

震度7の本震と長期にわたった余震

新潟県中越地震		人　的　被　害（人）			
2004年10月23日(土)　午後5時56分		死　者	行方不明	重傷者	軽傷者
M6.8	深さ13km	68	0	633	4,172
最大震度7		住　宅　被　害（棟）			
（旧）川口町		全　壊	半　壊	一部破損	
		3,175	13,810	105,682	

〔平成16年新潟県中越地震（確定報）　消防庁〕

　（旧）川口町では最大震度7を記録し、中越地方に大きな被害をもたらした。とくに、本震に続く2時間弱のあいだに、震度5弱以上の地震が立て続けに12回起きたのをはじめ、その後も大きな余震が長期間続いた。

17時56分	震度7　➡　本震
17時59分	5強
18時03分	5強
18時07分	5強
18時11分	6強
18時34分	6強
18時36分	5弱
18時41分	5弱
18時57分	5強
19時36分	5弱
19時45分	6弱
19時48分	5弱

　中山間地を襲ったこの地震では、崖崩れなどの地盤災害や建築災害が多発して旧山古志村が全村孤立するなど、広い地域で大きな被害が出た。震度7を記録した旧川口町（現長岡市）では町の中心部で多数の住宅が破壊された。また災害関連死が多かったことも被害を大きく特徴付けている。この地震では68人が亡くなり、住宅の全半壊はおよそ1万7千棟にのぼる。

第1章　過去の地震被害を再検証する

〔旧川口町の被害〕

1 死亡時の状況

68人の死者について、総務省消防庁がまとめた資料[11]がある。死亡時の状況は次のとおり。
- 十日町市（女性65歳）死亡・地震によるショックにより
- 十日町市（乳児生後2ヶ月）死亡・市内病院において、地震によるショックにより
- 十日町市（弾性54歳）死亡・避難中の車内で脳疾患
- 十日町市（女性74歳）死亡・避難中の車内で疲労による心疾患
- 十日町市（男性78歳）死亡・地震後の疲労等による心不全
- 十日町市（女性83歳）死亡・慣れない避難所生活から肺炎状態となり、入院先の病院で
- 十日町市（女性79歳）死亡・脳梗塞で入院中に被災し、脳梗塞が再発
- 十日町市（女性48歳）死亡・過労及びストレスにより
- 長 岡 市（男性59歳）死亡・地震発生後、容態が悪化し、肺炎のため
- 長 岡 市（男性73歳）死亡・地震のショックにより、脳内出血
- 長 岡 市（男性20歳）死亡・地震によるＰＴＳＤからくる悪性高熱等により
- 長 岡 市（女性79歳）死亡・地震発生後、持病が悪化し、呼吸不全により
- 長 岡 市（女性70歳）突然死・地震発生により多大なストレスがかかり
- 長 岡 市（女性70歳）死亡・地震発生により心臓に強いストレスがかかり、心不全
- 長 岡 市（男性85歳）死亡・地震により強いストレスがかかり、脳出血

---

11 「平成16年（2004年）新潟県中越地震（確定報）」

第11　2004年　新潟県中越地震［その1］

- 長 岡 市（男性90歳）死亡・地震による強いストレスで体力低下、心不全急性憎悪等
- 長 岡 市（男性32歳）死亡・地震による疲労が原因と思われる交通事故により
- 長 岡 市（女性87歳）死亡・地震及び避難による強いストレスから、出血性ショック
- 長 岡 市（男性52歳）溺死・全村避難となった山古志地域での排雪処理作業後、パワーショベルをトレーラーに積み込む作業中、過労が原因となり操作を誤り、道路わきの河川に転落
- 長 岡 市（男性80歳）死亡・地震のショックによる脳梗塞
- 長 岡 市（女性88歳）死亡・地震発生による強いストレスで体調を崩し、急性心不全
- 長 岡 市（女性88歳）死亡・地震及び避難による強いストレスで体力低下、肺炎
- 長 岡 市（男性78歳）死亡・地震及び避難による強いストレスで、心室頻拍症
- 長 岡 市（男性71歳）死亡・地震後の疲労等による心筋梗塞
- 小千谷市（女性70歳）死亡・地震によるショック死
- 小千谷市（男性89歳）死亡・地震によるショック死
- 小千谷市（男性85歳）死亡・地震のショックによる急性心不全
- 小千谷市（女性68歳）死亡・地震によるショックにより、脳内出血
- 小千谷市（男性81歳）死亡・地震によるショックにより、急性心筋梗塞
- 小千谷市（女性43歳）死亡・エコノミークラス症候群（肺動脈塞栓症）の疑い
- 小千谷市（男性88歳）死亡・地震による栄養障害及び持病の悪化等
- 小千谷市（女性84歳）死亡・地震発生後容態悪化し、肺炎
- 小千谷市（女性52歳）突然死・地震後の避難生活での疲労等
- 小千谷市（男性86歳）死亡・地震発生後容態悪化し、重傷肺炎
- 小千谷市（女性82歳）死亡・地震後の避難生活による環境変化により、急性心不全
- 小千谷市（女性90歳）死亡・地震及び避難による強いストレスで体力が低下し、肺炎
- 小千谷市（男性77歳）死亡・地震による強いストレスで体力が低下し、呼吸不全
- 旧川口町（女性84歳）死亡・地震に疲労等による誤飲により
- 旧川口町（男性41歳）死亡・復旧作業中、菌吸引による肺炎
- 魚 沼 市（女性44歳）死亡・地震のショックによる急性心筋梗塞
- 魚 沼 市（男性67歳）死亡・地震後の疲労等による心筋梗塞
- 魚 沼 市（男性91歳）死亡・地震のショックによる急性心不全
- 魚 沼 市（女性84歳）死亡・過労及びストレスによる急性心不全
- 魚 沼 市（男性69歳）死亡・地震後の疲労等によるものと推測される
- 湯 沢 町（男性70歳）死亡・宿泊先で地震によるショック
- 見 附 市（男性60歳）死亡・地震によるショック
- 見 附 市（男性70歳）死亡・地震発生による環境変化により状態が悪化し呼吸不全

第1章　過去の地震被害を再検証する

- 見附市（男性71歳）死亡・地震及び避難による強いストレスで体力低下、呼吸不全
- 南魚沼市（女性83歳）死亡・余震後のショックによる胸部大動脈瘤破裂
- 燕市（女性65歳）死亡・地震のショックで容態悪化、慢性心不全急性憎悪等
- 燕市（女性83歳）死亡・地震のショックと余震への恐怖で急性心筋梗塞
- 長岡市（女性75歳・42歳男性）死亡・土砂崩れによる家屋の倒壊により
- 長岡市（女性39歳・女児3歳）死亡・土砂崩れ現場において
- 長岡市（女性78歳・男性54歳）死亡・土砂崩れによる家屋の倒壊により
- 十日町市（男性34歳）死亡・建物外壁の下敷きにより
- 小千谷市（男性55歳）死亡・車庫の倒壊により下敷きにより
- 小千谷市（男子2名、女子1名、小学校5～6年）死亡・家屋の倒壊により
- 小千谷市（女性77歳）死亡・家屋の倒壊により
- 旧川口町（男性64歳・女子12歳）死亡・家屋の倒壊により
- 旧川口町（女性81歳）死亡・家屋の倒壊により
- 旧川口町（男性78歳）死亡・家屋の倒壊により
- 小千谷市（男性76歳）死亡・市内病院において、人工呼吸器が地震により外れ

　極度の過労やストレスが背景となった体の不具合、病気の悪化など、災害関連死（内発型の原因による死者）が最も多く、全体の75％にあたる51人を占める。残り17人は、体に物理的損傷を受けて亡くなった「直接死」である。直接死の内訳は、家屋の倒壊による死者が9人、土砂災害による死亡は6人、建物外壁の下敷きによる死者が1人、ほかに、病院内で人口呼吸器が外れての死亡が1人あった。

2　災害関連死の発生率が最多

　災害関連死がこれほど高い割合で発生した地震は、この時点まではほかに例がなかった。強い余震が長期間にわたって続いたことが災いしているようだ。当時、被災地を貫く国道17号線を夜間に通ると、路肩には多くの車が一列になって駐車していた。『車の中で人が眠っています。静かに通行してください』という掲示が出され、心傷む光景であった。
　災害関連死の中でも特に恐いのは肺塞栓症（エコノミークラス症候群）だ。これが多発した背景には車の中で避難生活を送る車中泊があると指摘されている。
　参考までに、阪神・淡路大震災では、死者6,402人中、直接死は5,483人（85.65％）、関連死は919人（14.35％）であった[12]。

12　「阪神・淡路大震災の死者にかかる調査について」（平成17年12月22日兵庫県発表）

エコノミークラス症候群を診断した医師の記録

　新潟大学大学院・呼吸循環外科の榛沢和彦医師は肺塞栓症の多発に着目、地震直後から多くの患者の診断と治療にあたった。その診療活動の様子を次のように綴っている。

■10月30日。大学病院に、肺塞栓症が疑われる患者がヘリで搬送されてきた。この患者に聞き取りを行った結果、車中泊の避難者の中に、同様の症状を訴える人も多くいるという。下肢静脈血栓症の多発が疑われる。

■そこで翌31日、新潟大学の災害医療班とともに、急遽、小千谷市の厚生連魚沼病院に向かった。ポータブルエコーを携えて避難所を巡回し、下肢静脈エコー検査を行った。
この日診た17人の患者中の6人に血栓と下腿の静脈拡張を認めた。

■11月3日は、検査技師2人（うち1人は被災者）と医師2人とで計44人に検査を行い、13人に血栓を認めた。

■11月7日は、医師2人の徒歩による巡回で12人に検査を行い、3人に血栓を認めた。そのうち1人は血栓が大腿静脈まで達していた。魚沼病院でCT検査を行った結果、肺塞栓症を認めたので、長岡の病院に救急搬送した。

■第2次の検査は11月15日から12月27日まで、魚沼病院のエコー装置を使って行った。前回検査を受けていない新たな83例（うち81人は車中泊経験者）のうち、10人に血栓を認めた。血栓の発見率は被災後の時間経過とともに下がっていった。このうち73人（90％）が車中泊後から始まった下肢の腫張や疼痛、熱感、こむら返り、違和感などを訴えていた。

■第3次のエコー診療は、2005年2月28日から3月28日まで、魚沼病院で行った。今回の対象は第2回の受診者に限定する再検査の形にした。再検査に応じた32人のうち7人（21.9％）に血栓を認めた。これは、前回よりも高い発生率であり、再発または増悪が考えられる。また、32人中の21人は、下肢腫張や疼痛などの症状が改善していなかった。臨床症状から、血栓後症候群の可能性が考えられる。これは、慢性化する可能性を示唆しており、その割合は、車中泊者の90％近くに達することも考えられる。

　いわゆる「エコノミークラス症候群」が多発した社会的背景について、榛沢和彦医師は、わかりやすい論説をまとめているので、抄録のうえ紹介する[13]。

「新潟県中越地震における車中泊者のエコノミークラス症候群」

新潟大学大学院　呼吸循環外科　　榛沢和彦

　新潟県中越地震では、避難者が最大30万人に達したこともある。その中で、乗用車の車中などに避難した人の数は最大で10万人とも言われている。肺塞栓症研究会の調査結果では、これ

---

13 「新潟県中越大震災　小千谷市魚沼市川口町医師会の医療活動の記録」小千谷市魚沼市川口町医師会

第1章　過去の地震被害を再検証する

までに10人の肺塞栓症が病院から報告され、そのうち少なくとも3人が亡くなっている。このほかに開業医が診た患者の中にも肺塞栓症が疑われた例がある。

　また、警察官にも二次災害による肺塞栓症が認められるケースがあった。40歳の警察官は、山古志村（当時）へ続くトンネルの警備のため24時間パトロールカーで過ごすことを3回経験した。この警察官が下肢腫脹を訴え、ＣＴ検査の結果、下肢静脈血栓と肺塞栓が認められたため入院した。

　新潟県中越地震で車中避難が多かった理由は、第一に、被災地が山間地域で家の敷地が広く、平置きにした車自体に被害が少なかったこと。第二に、大きな余震が多く、「家にいるのが怖い」という意識から、車中避難が選択されたものと思われる。第三に、「地震が怖いので家族一緒にいたい。」「ガソリンを節約して暖をとるため」などの意識から、家族全員が1台に集まる傾向も見られた。一家に車が2台以上ある家庭も少なくないが、小型車や軽自動車が比較的多い。したがって狭い小型車や軽自動車に家族全員が集中して避難していた。

　こうして地震によるストレスのなか、車中の窮屈な姿勢を長時間続け、十分な水と食料が48時間近く届かなかったこと、トイレが使えなかったことなどから、水の摂取を控え、脱水も加わり、旅行者血栓症、いわゆるエコノミークラス症候群と同じ機序で肺・静脈血栓塞栓症が多く発生したものと考えられる。

　災害関連死を未然に防ぐ方策がこの解説の中で具体的に語られている。地震からせっかく生き延びても、そのあと死への行程を辿ることになるのはいかにも残念なことだ。災害関連死をださない。その方法を今後に伝えてゆこう。

3　室内被害と建築被害

建築は無被害　室内では被害

　住宅被害と室内被害の様子を見よう。次ページの左の写真は築後2年の真新しい建物。震度7を観測した川口町役場の地震計から直線距離300メートルのところにある。建物本体には被害はなかった。雪国仕様の高床式で作られていて、頑丈な基礎が、地震の揺れに対して大きな抵抗力を発揮したようだ。

　ところが、建物の中では暖房用の石油タンクや温風機など様々なものが転倒した。写真（中・右）はキッチンに置かれた食器棚。地震の振動で下段の引き出しがせり出し、上段は前のめりに転倒した。せり出した下段の引き出しが上段の落下をかろうじて食い止めている。食器はことごとく落下し、床は割れた食器の海となった。家人にケガはなかったが、もし、ここ

〔震度7でも無被害の住宅　しかし内部は……　撮影　古田島正人〕

に人がいればどうであったろうか。住宅の耐震性とは別に、室内空間の耐震性を向上させることが課題である。

　この地震による人身被害について、東京消防庁は現地調査を行い、速報[14]を発表した。

　その中に、次のような記述がある。

■家具類の転倒・落下物による負傷者が全体の4割以上を占めている。

■地震発生時間が18時頃であったため、夕食準備等で台所にいた人が多く、転倒した食器棚から散乱したガラス類を踏みつけ、受傷した例が多数あった。また、やけどの受傷事例も多く発生している。

全壊建物からの脱出

　次ページの写真はJR越後川口駅を出たところにある食料品店「安田屋（あんたや）」。1階の店舗部分がつぶれている。1階は店舗と、その奥に惣菜調理室、2階は住まいと事務所になっている。2階の住居部分には、中1、小6の女の子とその友達2人、それに小2の男の子、あわせて5人がいた。地震が発生したとき、1階には、夕食材料の買い物客が5人と従業員6人がいたが死傷者はなかった。

　このとき店で買い物をしていた古田島弘子さんは次のように話している。

　「しゃがんだまましばらくじっとしていました。『みんな大丈夫？』という店の声を機に、ゆっくりと店から出てきました。建物の変形にはほとんど気がつきませんでした」。

　この地震では、わずか2時間足らずの間に震度5弱以上の揺れが12回あり、建物の変形はその都度少しずつ進んでいった。

　床面積が大きいこの建物は、1階の店舗と2階の住居とをつなぐ階段が中央部分にあったが、2階から転落した茶ダンスが階段をふさぎ、1、2階の行き来ができなくなった。1階の調理室にいた経営者の山森瑞江さんは、すぐに隣家の外階段を上がって子どもたちの救出に向かっ

14　〔「平成16年新潟県中越地震における人身被害に関する現地調査結果（速報）」東京消防庁〕

第1章　過去の地震被害を再検証する

た。このとき２階の道路側の部屋にいた４人の女の子たちは、窓の手すりをまたぎ、外を伝って隣家の階段上に出ようとしていた。奥の部屋では、男の子が目にいっぱいの涙を溜め、コタツの中でスナック菓子を食べながら迎えを待っていた。母親が抱きかかえて隣家の階段上に戻ったところで女の子たちと合流、このときは全員が声を上げて泣いたが、子どもたちにケガはなかった。建物は大破したが、１階２階とも中には生存空間が残されていた。

一方、帰宅した従業員６人のうちの一人が翌日になって胸に痛みを訴え受診したところ、肋骨にひびが入っていることがわかった。地震が発生したとき、惣菜調理室の台の上にあった魚焼器が倒れかかり、胸に当たったのが原因とみられている。

建物は大破壊を起こしたが、人に危害を加えたのは設備什器の方であった。人の活動空間を最初に脅かすのは、ここでも家具や什器であった。

〔１階の店舗部分が大破　撮影　筆者〕

〔写真提供　安田屋〕

第12

2004年　新潟県中越地震 [その2]

患者を守れ！　小千谷総合病院の激闘

　2004年新潟県中越地震では、震源にごく近い場所にあった小千谷総合病院が大きな被害を受け、一般診療・入院機能が一時停止状態となった。しかし、関係者の懸命の努力により、短時日のうちに診療再開にこぎつけた。横森忠紘院長（当時）への数次にわたる面談で明らかになった事柄や、関係資料を参照しながらその経緯を紹介する。

1　建物群各部の被害と建築年代

6つの建物の集合体

　（公財）小千谷総合病院は病床数287床、発災当時の入院患者223人。診療科目は内科、外科、小児科、消化器科など14科、職員数366人の規模を持つ地域の中核的な医療機関である。

　建物は鉄筋コンクリート、地上8階・地下1階。外観上は1棟だが、増築が重ねられ、全体は、年代を異にして建てられた下記6つの建物の集合体となっている。各部の名称と建築年代、被災状況は次のとおり。最も古い「検査棟」（昭和43年築・3階建て）は全壊、取り壊しとなり、残りは昼夜兼行の改修工事をして短時日のうちに診療再開にこぎつけた。

〔小千谷総合病院の外観　撮影　小千谷総合病院〕

建物群の構成と建設時期・被害状況

検査棟	昭和43年築	➡	全壊・取り壊し
東　棟	昭和44年築	➡	修理・使用再開
西　棟	昭和55年築	➡	修理・使用再開
医局棟	昭和57年築	➡	修理・使用再開
新検査棟	昭和63年築	➡	修理・使用再開
本館棟	平成2年築	➡	修理・使用再開

第1章　過去の地震被害を再検証する

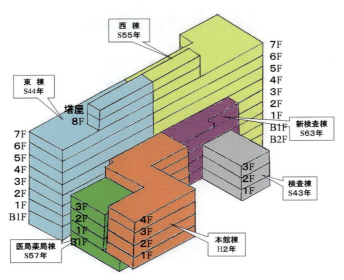

〔作図　小千谷総合病院〕

　建築年代が最も古い検査棟は建物主要部分が損傷しているが倒壊は免れた。「たとえ大きな地震に遭遇しても、建物は、中にいる人を死傷させてはならない」という使命を全うした。
　この3階にはMRIの大型機器が設置されていた。機器に損傷はなかったので、地震のあと、ケーブル類を切断したうえ、そのまま新検査棟の3階に水平移動し、別の部屋に再度据え付けられた。

〔建物が損傷した検査棟とその内部　撮影　小千谷総合病院〕

2 連続発生した大地震　激動の院内

地震の瞬間　院内は……

　院内では一体どんなことが起きていたのだろうか。17時56分の「震度6強」を第一波として、小千谷市は、その後のおよそ2時間のあいだに震度5弱以上の地震が12回相次いで襲来、その後も長期にわたって余震が続いた。このため、次々と建物施設の変形が進み、被害が増幅した。地震発生のつど、8階建ての東館と西館は大きく揺れ、とくに、4階から7階までの入院病棟では立っていられない状態であった。検査機器などあらゆる物が倒れ、壁が剥落、天井も一部が垂れ下がったほか、屋上にあった100トン水槽が横に1メートルずれて配管を破断、大量の水が、7階→6階→5階の順に降り注いで全館水損となった。その一部は壁の内部を伝い、中にあった通信設備にダメージを与えた。災害対応回線を含め、病院の中と外とをつなぐすべての通信機能が午後9時頃には完全に失われ、携帯電話も繋がりにくくなった。

「患者たちを守れ！」

　発災直後に病院に駆けつけた横森忠紘院長（当時）は、ただちに入院患者223人全員を、比較的安全な「本館棟」（平成2年築）の1階に避難させる指示を出した。
　4、5、6、7階の病棟には223人の入院患者がいた。エレベーターは使えず、担架も階段スペースを回るのに障害となるため、患者が寝ていたベッドのシーツ四隅を、看護師4人が掴んでそのまま持ち上げ、階段を使って移送した。その間も激しい余震が続き、壁や天井が落ちかかるなか、看護師や病院職員たちは声を掛け合い、励まし合って行動した。看護師たちは何回も上階へとって返し、ベッドから寝具を剥がしては1階の床に敷きつめていった。狭い階段スペースは、上階から避難する5人一組の患者移送チームと、下から上階へ向かう人たちで一時はごった返したが、ケガをする人もなく、患者の容態悪化もなく、無事に院内1階への1次避難を完了した。

〔地震の翌朝院内を点検する横森忠紘院長　撮影　福島孝幸〕

漆黒の闇の中で余震が多発

　商用電源は地震発生と同時に停電、ただちに自家発電に切り替わったが、これも40分後に断絶した。漆黒の闇となった院内は、余震が起きるたびに患者たちの悲鳴が渦を巻いた。

第1章　過去の地震被害を再検証する

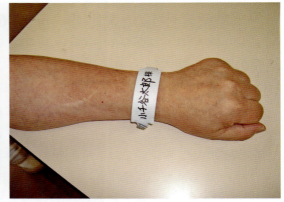

〔本館棟1階へ1次避難した入院患者とリストバンド　撮影　小千谷総合病院〕

　自家発停止の原因は、屋上の100トン高架水槽が大きく移動して配管を破断、地下の水冷式発電機に冷却水を送れなくなったことによる。（燃料の重油は満タンで、2日間は保つはずであった。）このため、地階にある地下水汲上口から発電機の冷却水タンクまで、男性職員たちが垂直梯子を使って苦行のバケツリレーを続け、自家発電機能は1時間後に復旧した。

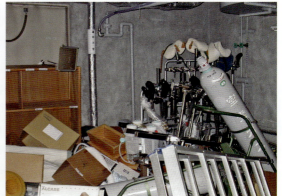

〔7階のナースステーションと6階の手術室　撮影　小千谷総合病院〕

　6階の外科病棟・集中治療室には、手術後まだ日が浅い人工呼吸器装着の患者が3人と、地震後運び込まれた重篤の患者あわせて4人がいた。自家発電が途切れたあとは、医師や看護師たちが蘇生バッグを「手もみ」して呼吸を確保、午後11時過ぎまでに長岡市にある病院への転送を無事完了した。

第12　2004年　新潟県中越地震［その2］

〔5階の入院病棟　　撮影　小千谷総合病院〕

　5階の入院病棟。全員退避のあと、廊下には、配膳ワゴンや回診ワゴンなどが残されていた。

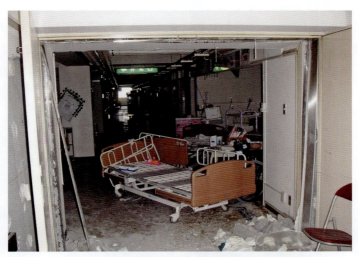

〔4階の入院病棟　　撮影　小千谷総合病院〕

　4階は高齢者の療養病棟。「ふれあい病棟」と名付けられ、58人の入院患者はほとんどが寝たきりであった。廊下にまで引き出されたベッドは患者移送の苦闘をよく伝えている。

第1章　過去の地震被害を再検証する

救急診療は続けられた

　患者移送の大作戦が展開される一方で、1階の外来・救急室には、地震直後から、ケガをした救急患者が殺到し、徹夜で治療が行われた。医療機器、処置台、薬剤棚などが散乱するなか、懐中電灯の灯りの中で処置が行われ、午前0時までのおよそ6時間のあいだに125人の救急患者が手当てを受けた。この困難な状況の中でも救急診療は止めなかった。翌日（日曜日）には239人の負傷者が来院し、トリアージを行ったうえで、重傷者は、救急隊員の協力を得て被災地の外へ運ばれていった。地震後1週間の救急受診者数は1,543人に達する。

　地震の発生は土曜日の夕方であったが、電話不通にもかかわらず非番の職員たちも続々出勤、当日夜中までの出勤者は142人にのぼった。翌日の日曜日は職員数の実に81％にあたる298人が病院に到着、繁忙を極める職場で負傷者の治療にあたった。隣町の旧川口町に住んでいた看護師は、家族にケガがなかったことから、「おまえは病院に戻れ」と家族に励まされ、全壊した自宅を車で出た。ところが道路はあちこちで崩落していて通行できず、途中で車を放棄、10時間を歩き通して翌朝病院に到着した。

入院患者の転院すすむ

　入院患者たちの移動は次のように行われた。まず、人工呼吸器を付けた3人の患者は当日の夜11時頃までに救急車で他院への搬送を無事完了。残り220人は一次避難した本館棟の1階で一夜をすごした。翌日は、他院への転院が83人、被害がなかった別棟への移動が108人、このほか29人が退院していった。

〔透析患者はヘリで搬送　　撮影　小千谷総合病院〕

診療再開までの足取り

　地震の翌朝、横森院長は、「地域のために一番役に立たなければならないときにそれが出来なくなり、まことに！まことに残念！」と、じつに悔しそうに語っていた。多くの病院関係者がこのあと病院に泊まり込みを続け、自宅の後片付けを後回しにして病院の復旧に日夜携わった。その結果、これだけの大被害を出しながら、発災8日後の11月1日には、まず内科が奇跡的短時日で外来診療再開を果たした。以下、順を追って各科の診療機能が回復していった。診療再開日と、主な施設の復旧日は右表のとおり。

11／1	内科　人工透析　検査科
11／2	外科・消化器科　小児科　婦人科　皮膚科泌尿器科
11／4	整形外科　耳鼻咽喉科　眼科　リハビリ科
11／8	麻酔科　歯科　内視鏡
11／18	中央手術室　RI検査
1／4	食堂　売店

入院病棟の再開状況

　入院病棟は昼夜兼行で建物や設備の復旧工事を行い、地震後15日目にまず138床が回復。以下、12月13日までに、ほぼ震災前の水準に戻った。

11／8	138床	累計	138床
11／17	38床		176床
11／22	26床		202床
11／28	17床		219床
11／29	18床		237床
12／13	28床		265床

〔どの顔も輝いて……　病棟復活の日　撮影　小千谷総合病院〕

第1章　過去の地震被害を再検証する

勤務者たちの証言

　地震発生当時の院内の様子について、勤務者たちは次のような証言を残している。

〔外科病棟看護師　Wさん〕

　夕食の配膳が終わり、薬の準備に取り掛かろうとしたときに最初の振動が来ました。病室の壁が崩れ落ち、天井から水が降り注ぐ中、反射的にＩＣＵ（集中治療室）に駆け込んでベッドに飛びつき、点滴チューブが外れないように右腕で抱え、右手で挿管チューブがレスピレーター（人工呼吸器）から外れないように押さえて、左手は自分が飛ばされないようにベッドの柵を握り締めていました。阪神大震災で病院が崩壊した映像が浮かび、自分はこのまま死ぬんだと思ったら、覚悟ができて冷静になれました。

〔内科病棟看護師　Tさん〕

　いきなり廊下の左側から右側に飛ばされました。天井から水が降り注ぎ、細かな粉じんが舞って、眼鏡が真っ白になりました。立ってはいられない状態で、手すりを伝いながら病室から病室へ大きな声を掛けて回りました。どの部屋もテレビやお膳、割れたガラスなどが散乱していました。すぐに避難命令が出て、4人一組で患者を運びました。緊急時に患者をどう運ぶかは、あらかじめ決めてあり、病室に表示してありました。訓練通りやればよいと皆で確認し合い、修羅場の中でみんな冷静でした。

〔事務当直　Oさん〕

　"ズドーン！ガタガタ……！！エントランスホールの金網入り強化ガラスが、今にも弾け割れそうな勢いで歪んでいました。自分の目の前にあった書類やケースがあちこちに吹っ飛びました。最初は地震だとは想像もつきませんでした。当直の看護師が這いつくばりながら、「地震だ！管理者を呼んでー！」と叫んで来ました。

　最初は何をしていいか分からず、あたふたしていました。病棟に通じる階段からは、水が滝のような勢いで流れていました。すぐに駆けつけてくれた事務長と二人でその階段を上がりながら、避難訓練と同じルートで避難するよう呼びかけました。あまりの状況の悪さと、幾度となく襲いかかる大きな揺れの恐怖に、「自分は患者さんを避難させながら死ぬだろう」と思いました。

　何度も階段を往復し、気付くと手や靴がボロボロになっていましたが、入院患者さん全員の無事が確認できた時は本当に安心しました。職員だけでなく患者さんの付き添いの方々も、自分の身の危険を顧みず、患者避難に協力して頂いたことをほんとうに感謝しています。

「運が良かった！ ～中越大震災に遭った日～」　　　横森忠紘

　午後5時56分、私の車は小千谷市の中心街に近い旭橋の上にいた。突然、大音響とともに下から突き上げられて車が跳ね上がり、横向きになって止まった。第一波がおさまった後、急いで橋を渡り、病院に入った。(中略)。

　実は、病院から2km程離れた自宅には、横浜在住の娘がお産で里帰りしており、地震の約1か月前に誕生したばかりの孫と居住していた。何回も電話をするが、全く反応がなく、何かあれば必ず病院に来るだろうと覚悟を決めていた。深夜1時過ぎにようやく一段落、事務長に断って車で自宅に向かった。自宅にはひと気はなく、あらゆる物が倒れて散乱していた。大声で家族を呼ぶと、近所の人が、家族は近くのスーパーの駐車場に避難していると知らせてくれた。駆けつけると、娘は孫を、妻は愛犬を抱きしめており、全員怪我なく無事であった。娘に聞くと、夕方の授乳のため2階の部屋で孫を抱き上げた途端に地震が到来し、そのまま脱兎の如く妻とともに脱出したという。後からその部屋に行くと、孫のベッドの上に本棚が倒れてガラスと本が散乱していた。もし、孫が一人で寝ていたらと考えると寒気がする思いであった。

　車を家族に預けて、徒歩で病院に向かって戻った。灯りの消えた深夜の街、あちこちが陥没した道路、歩きながら見上げると天上は満天の星空であった。「運が良かった！」思わず声が出て、そのあと涙がとめどなく流れた。

　10月23日、その日は私の生涯で最も長い一日であった。

　横森院長は、このように、率直な語り口で被災状況を記している。小千谷総合病院がまとめた震災の記録[15]には、病院にとって都合が良かったことも悪かったこともすべて客観的に記されていて、のちの研究にとっては有用な文献となっている。

3　小千谷総合病院を支えた付属施設

免震構造施設には被害なし

　小千谷総合病院についてはもう一つご紹介することがある。これまで見たとおり、病院が大地震に見舞われると、病院建物の破損に加え、建物内部で多くの医療機器や資機材が転倒・散乱するなど被害の大きさは計り知れず、それはそのまま診療機能の喪失にまで至ることがある。何とかならないものだろうか。この問いかけに対する根本的な解決策を、小千谷総合病院は用意していた。その「解」とは、建物を免震構造にすることだ。

　小千谷総合病院には、「老人保健施設・水仙の家」という別棟がある。平成9年建築の鉄筋コンクリート4階建て。免震構造の建築であったため、ここは被害が全くなく、被災した近隣

15　「新潟県中越大震災　小千谷総合病院の記録　(地震直後の状況と復旧の経緯)」財団法人　小千谷総合病院

第1章　過去の地震被害を再検証する

の住民400人もここに身を寄せて一夜を過ごした。震災翌日は、病院本館棟の1階床に1次避難していた入院患者をこの「水仙の家」に移し、ここの1階と4階の床にマットを敷いて臨時の入院病棟とした。「これがあったから助かった！」とは横森院長の言葉。

〔別棟の「老人保健施設・水仙の家」と内部の棚　撮影　小千谷総合病院〕

　上の写真（左）は「老人保健施設・水仙の家」全景。右は内部にあった棚の様子。棚は転倒せず上に載せた物品の落下・散乱もなかった。激しい揺れに繰り返し襲われた後とは思えない。以下の写真は地震の翌朝に撮影されたもの。建物内部には散乱物は全くなし。普段と変わらぬおだやかな光景が広がっている。

〔1階の事務室内部　撮影　福島孝幸〕

　1階の事務室。机の上に立てたファイル類は元来不安定なものだが、倒れることなく、すべて地震前と同じ状態を保っている。

第12　2004年　新潟県中越地震［その2］

〔臨時の病棟になった1階のフロア　撮影　福島孝幸〕

　病院本館からここに移された入院患者と、支援にあたる病院ボランティア。

　次の写真は4階のベランダ。もともと不安定な物干し台や植木スタンドも転倒せず、もとの姿勢を保っている。「老人保健施設・水仙の家」は免震構造の有効性をあらためて示した。

〔4階のベランダ　撮影　福島孝幸〕

免震構造導入のコスト

　このようなはっきりした効果を目の当たりにすると、病院建築など社会的に重要な建物はすべて免震構造で……と思いたくなる。ネックになるのは建設コストだ。横森院長は「立て替え時期が阪神・淡路大震災のあとだったので思い切って免震構造にしたが、建設費は2割くらい余計にかかった」と語っている。

107

第1章　過去の地震被害を再検証する

　一方で、病院復旧のための経費については厚生労働省が補助金制度を用意しているが、国立病院や県立病院など公立系の病院にくらべると、小千谷総合病院のような民間の施設については補助率が低い。地域で中核的な医療を担う病院であることを強く訴え、補助率のアップを要請したが、なお公立系には及ばなかったと、横森院長は話している。
　さらに、医療機器を固定する工事を行い、散乱防止の措置を施すと、大きな施設では数千万円の経費がかかることもある。こうしたお金の出入りを考えると、たしかに初期投資はかさむが、免震構造は、これからの病院建設を考える上で有力な選択肢の1つになるのではないだろうか。

第13

2004年　新潟県中越地震 [その3]

被災者日記

　新潟県（旧）川口町で被災した松崎千鶴さんは、国道の路肩に停めた車の中で避難生活を送りながら、日々の出来事を日記に書き綴った。机もない環境で書き続けた日記はノート2冊以上に及ぶ。その一部、地震発生当日から4週間までの部分を、ご本人の了解を得たうえで抄録して紹介する。

被災日記　　松崎千鶴（旧川口町在住）

■2004年10月23日（土）
　大地震第一波。強烈なタテゆれ。家中、物という物がふっ飛んだ。瀬戸物、ガラス類はくだけ散り、テレビ、レンジ、釜、電話すべて散乱。着のみ着のまま避難がやっと。外にとび出しても地割れ、隆起、かん没。暗いので動けない。役場前の広場に野宿したが寒い。たき火のそばにみんなでかたまる。大揺れが続き立っていられない。悲鳴があがる。

■10月24日（日）
　雨が降りだして、役場前から保育所玄関先へ移った。寒かった。確実な情報が少なくて右往左往するばかり。家に帰り物を持ち出す。しかし恐怖で長居ができない。家に入るとまたゆれる。夜、関家（弟）の車に泊る。嘉洋（甥）は運転席で眠れなかったようだ。揺れはおさまらない

■10月25日（月）
　避難指示が出て家なしになったとつくづく思う。自転車とバイクが目立つようになった。ほんとに情報がない。川口町は社会からもマスコミからも忘れられた。

■10月26日（火）
　車が出せた。国道17号に車を置く。夜は関家の車で車中泊。大きな余震またもある。雨もようの天気、家にはもう行けない。

■10月27日（水）
　あおり様（神社）まで顔を洗いに行く、洗うといっても水でぬらすだけ。救援車が昨日あたりから入ってきはじめる。自衛隊もかなり入ってきて心強い。仮設トイレもそこここにあり、ウンチもする。でも手が洗えない。ペットボトルの水を少し使って気休め。あとでまた神社に手を洗いに行ってこようか。
　車の給油は無料。10リットルだけでもありがたい。でも節約して寒さはガマン。家の灯油タンクは満タンで倒れていないが、でも家に入れない。なんと皮肉なことか。自分で建てた家。

第1章　過去の地震被害を再検証する

そこで老後を心配することなく、子ども達をみんな集めて楽しくすごしたかった。その夢は半ばでついえたのが残念。山が動く、大地が動く。これだけ広範囲に動くとはビックリ。それにしてもこの余震はいつまで？今朝、川井神社にお参りして、もう終わって下さいとお願いした。どうぞ聞き届けて下さい。必ず！

■**10月28日㈭**

　救援車両と救援物資がどんどん入ってくるようになった。食事の用意と並行して物資の配給が始まった。疲労の度合が高い今、食事作りはここまでにして、救援物資に頼る方が懸命と考える。町民のエネルギーの温存も大切だと思う。午後4時頃、甥の雅志が来る。多くの物資を積んできた。みんなやさしくて親孝行。今日は専門家による家屋の応急診断が行われていた。緑、黄、赤のステッカーが貼られコメントもついていた。さて我が家は？家に行くことは禁止されているが、確認は各自となるとおかしなものだ。なんとも矛盾している。

　午前中に家に入って下着類、毛糸類を運び出す。どうしても出したいものをクローゼットから持ち出した。知人、友人の電話番号、住所の控え、貴重品、その他思い出の品物、40年間の教員生活の種々の記録、教え子たちの写真、思わず涙がこぼれる。車で入ることができず、両手で持てるだけを持って出た。わたしの生涯の「仕事の証し」は持ち出せない。それはたくさんの絵本。子どもたちに読ませたいと思っていた。子ども図書館の夢も消えるのか。でもあきらめきれない！私の生きたあかしは私自身だけ！やっぱり気持ちはゆれる。家の中に10分もいられない。いつ崩れるかと恐怖。グラッとくるたびに外に飛び出し山を見る。どうぞ崩れないでね、お願いだから。ついつぶやく。今日はこれでやめよう。車に帰ろう。また夜がくる7日目の夜。車中泊にもなれてきて、よく眠れるだろう。今日の万歩計16101、よく歩いた。

■**10月29日㈮**

　朝が来た。何が起こっても日はまた上る。自然のすばらしさ、山、川の美しさ、大きさ。アッチコッチと動き回る人間のなんと小さいこと。避難所にもある種のペースができ、救援物資のおかげでなんとも忙しいが煮たきのわずらわしさからは解放されつつある。「あの人は何もしないのに食べるときだけ来る」とか、みんなトゲトゲしてきているのも悲しい。入浴は自衛隊設置のお風呂、今日から男女二か所に分かれた。みんな6日とか5日ぶりに汗を洗い流していた。それにしても洗濯ができないのがうらめしい。主婦としては今日みたいな好天は洗濯日和なのに。共同洗濯場を作ることは無理なのかしら。毎日危険をおかして家に入り、少しずつ何やかや持ち出してくるが、もう車の中はぎゅうぎゅう。一人では絶対に行かないようにとの厳重な注意にもかかわらず足が向く。

■**10月30日㈯**

　どこか別の町に、地震のなかった普通の町に行ってみたいね。ゆっくりくつろぎたい。明るい夜がなつかしい。見たことのある人が通りかかった。車の外に出て呼ぶ。やっぱり友達二人だった。小出町からの途中、車での通行ができず、峠を越えて歩いて来たのだ。顔を見合わせ

たとたん思わず涙がこぼれた。もう一人の友とも手をにぎりあって何も言えない。でもうれしい！今までの緊張がふっとゆるむ。一人ではない安心感、やっぱり淋しかった自分に気づく。子供みたいに泣く。家の様子を見に行こうと、10分弱の道のりを歩く。途中で家の建築をした工務店のご主人に会い、同行を頼む。総勢4人、怖くないね。家が近づくにつれ、道のキレツ、デコボコがだんだんひどくなる。みんなの顔が驚きと緊張でこわばるのがわかる。家はちゃんとしている。建物の安全確認の緑のステッカーが貼られてあってひと安心。玄関は植木鉢が散乱。毎年花を咲かせる胡蝶蘭が鉢から抜け、鉢はこなごな。家の中は食器類が散乱して危険なので土足で上がる。友達いわく「春まで住むな」、「それまで長い冬をどう過ごすか考えよう」、「川口へずっと住むのか住みたくないのか」と聞かれて私は思わず「住みたくない」と強い口調。自分でも驚く。いろんな友達が「おいでよ」と電話してくる。兄弟も子どもも呼んでくれている。でも一人の生活もいいものだ。時には淋しいこともあるけど、まだまだ一人でも生活できる自信はある。じっと家に閉じこもるのも好きではないし、自分の人生の総仕上げはこれからだ。「あの人は自分の意思で、自分らしい生き方を生きた人だったね。きっと幸せだったよ」、「自立した人だったね」と言われるように。自分でもそう納得できるように…。

夕方、3人で小出に行こうと説得される。ありがたくお言葉に甘える。今夕、仮設テントの割り当てがあり、出なければならないのだが、同じテントに入る人に断りをして、「ま、いいか」と出かけた。小出インターの近くで夕食をとる。天ぷらうどんとお刺身のセット。ほんとにうまい。食後は温泉に向かって車を走らせる。町に電燈が明るい。明るいってこんなにうれしいもの？心がはずむ。気持ちまで明るくなる。あんまり喜ぶので友人が笑う。「長者の湯」では地震のあとキャンセル続きで客はだれもいない。年配の女将がやさしく迎えてくれた。溢れる浴槽の中で手足をのばし、「ああ生きていたんだ。なんて気持ちの良いこと」とつい口に出る。ゆっくり入浴、ついでに洗濯までしてさっぱり。ロビーでみかんをいただく。その上入浴料は無料。落ち着いたらお礼に来なくてはと思いながらご親切に甘える。友人達3人と夜遅くまで話し込む。私の今後の身の振り方について色々と意見をいただく。あとは自分がどう決めるかだと思った。12時すぎ眠りにつきぐっすり。

■10月31日㊐

久しぶりに余震におびえず、よく眠れた。お昼頃3人で帰路につく。旧道を通り、家々の様子を見ながら歩く。黄、赤のステッカーが目立つ。やわらかい日ざしの中、後片付けに追われる人、野外で炊事をする人、おだやかな顔ながらもきびしい現実の疲れがにじんでいる。自分の車の所に帰りつき、ほっと気がゆるむ。仮設の風呂に向かう近くの人に笑顔で手を振る。いきなり「明日は炊事当番だよ」と言われ面喰う。「何班の当番」と私。「7班の」。「あら、7班には私は入っていないよ」と私。「勝手に一人でどこかに行ってしまって」。「私は車で寝泊まりしているので国道沿いの班に割り当てられて、その中だよ」と私。「どうして勝手に行くの、だまっていかないで」。「ちゃんと言ったら指定された今の班といわれたよ」。「じゃあ松崎さん

第1章　過去の地震被害を再検証する

は7班から排除していいのね」。「排除」とはきついお言葉。

■**11月1日㈪**
　今日で10日目。みぞれの季節になる。我が家の車庫内のにおい。高床式住居で車庫は1階。2階、3階が居住空間。その車庫内が浄化槽内のような臭気がするようになった。排水管の漏れもないし、どこからこの臭気は来るのかと思って工務店さんに聞こうと思っていた。あるいは地下のずれがはじまっていたのかとも思う。

■**11月2日㈫**
　今日は炊事当番が当たり、朝6時半に第四区本部へ。先ずは水汲み。ポリタンク2個を一輪車に乗せ、100m先の井戸にむかう。この井戸は個人の所有。その方の好意により区民だれでも使える。もともと融雪用井戸で飲用にはならないが、食器類の洗浄に使える。長男がトイレットペーパー、水、果物、容器類、サランラップなどを積んで妙高から救援にきた。一緒に家へ入る。あまりの惨状に言葉もなし。状況を写真に撮る。まだなにも片付けてない。
　一方、25日にお孫さんが生まれた友人は、23日からお嫁さんにつきっきりで守っていた。男の赤ちゃん、地震のさなかに生まれた子。どうぞ強くたくましく、やさしい純真な心の人に育ちますように。この友人は、お嫁さんの世話で地区の炊事作業に参加できなかったことから配分品も食料品もなかなか受け取れず、今も仲間として受け入れてもらえない様子。何も言わないが涙ぐんでいる。アチコチで激しい言葉、やんわり皮肉を交えた言葉が聞かれるのは悲しい。無理に共同炊事を義務づけるのはどんなものだろうか。集団の圧力、拘束力と個人の自発性とのかね合いはむずかしい。寛容の心、思いやりの心が失われている。人並み、横一線でないと、人間として見られず外されるのは不合理。お互いのその時状況、条件についての思いやりがほしい。

■**11月3日㈬**
　衛生状態の悪化かハエが多くなった。ごみ袋の口はしっかりしばろう。ガス、水道の本管の点検始まる。復旧のメドなし。三男一家がくる。5才の孫娘はあたりの様子におびえ気味。2才の孫（男）は何も言わずチョロチョロ動く。嫁は「怖い」と言って体をかたくする。顔まで青ざめたように見える。こんなところに小さな子どもはよくない。早く帰りなさいと帰してしまう。いつものようにゆっくり夕方まで遊んでいけるとよいのに仕方ない。

■**11月4日㈭**
　朝、雨の音で目が覚める。かなり強い雨が夕方になっても降り続く。サイレンを鳴らして広報車が呼びかけていた。「芋川の天然ダムが決壊すると魚野川の水位が上がるので河川敷にいる人は土手に上がって下さい」。みんなぼう然と雨の中に立っている。たくさんの荷物と一緒に仮設テントを引き払うのは大変なことだ。雨の中、寝具を持っての移動。あっちへ行ったりこっちへ行ったり、ほんとに難民だ。みんなしっかりしたねぐらを見つけられたのだろうか。

■11月5日㈮

　避難解除の指示はまだ出ていないので、家の中に長居はできない。向かいの山の中腹にパックリ口があき、大きなキレツができている。いつすべってくるかわからない。今日も余震が続く。上越線より山側に東川口の4区6班、7班がある。合計20軒かな。家の損壊がどうこうよりも家の建っている場所が動いているので、赤、黄、緑のステッカーの問題ではない。「そこの家はいいのう」と言われることがあるが、とんでもない。あの地盤の上ではみんな同じ条件だと思っている。住むことは出来ないんだもの。強制撤去しかない。行政はどう見ているのだろう。全壊と同じ条件だと思うが黙っていればうやむやになる。立場の弱い者は悲しいものだ。

■11月6日㈯

　本震の時の落下物、倒壊してくる物を思い出して恐くなる。今も帽子がはなせない。食事の時もかぶったまま。はじめは2つの帽子を重ねてかぶっていたが最近やっと1つの帽子で過ごせるようになった。

■11月7日㈰

　大地が動いている。家財といってもたいしたものはないが、衣類、ふとん、書籍、子どもの絵本は出したい。あとはみんなもういいや。朝食のあと、各戸から1名ずつ出て、仮設住宅のことなど連絡事項を区長から聞く。打合せ後6、7班で集まり、宅地がずれて崩れはじめていることについて、町へ対応を願うことを決める。家が赤、黄、緑にかかわらず大地がすべることになればみんな全壊も同じこと、全員が一致団結することを確認する。みんなほんとのホームレス。この寒空の下どうすることが最良なのか見通しが立たず、仮設住宅を申しこんでも、住める年限は2年まで。その後はどうなるのかわからない。みんなでいる時は気もまぎれるが、夜、仮寝の車の宿に戻るとひとりでに涙がこぼれる。同じ様なことをみんなが言う。泣き虫ばかり。

■11月8日㈪

　きのう、長男、次男、三男がみんな集まって片付けをした。避難解除されてないので本当は入ってはいけないのだが……。三男は地震のすごさに圧倒されたようで、「母ちゃん、本当にケガしなかったの」とまじめにきく。私自身もまったく奇跡だとしか思えない。地震の時はしっかりした物のそばに寄ってとか言われているが、それでは身を守れないことを知った。物が落ちたり倒れたり飛んだりするところに長くいれば脱出できなくなる。げんに脱出できずに出てこられなかった人もいた。みんなで助けに行った。

　学校の共済生活協同組合新潟県支部からの連絡が郵便受けに入っていた。家の外観写真を撮り応急危険度判定のステッカーを確認したので、電話がほしいとのことだった。電話をすると担当者が出て、「家屋にほとんど損壊がないのでそのように扱う」とのことだった。実はそうではない。地すべり地盤の上に立っていて日に日にまわりの様子が変わっていることを伝え、とりあえず保留という事にしていただく。夕方友人が「薬師の湯に行くから一緒に行こう」と

第1章　過去の地震被害を再検証する

言ってくれる。何日も入浴していないのでうれしい。ちょっと垢を落としてすっきりできるかな。

■**11月9日㈫**

毎日お天気がよくて不思議なくらい。そして暖かい。昨夜は友人夫婦について湯の谷温泉の「薬師の湯」へ来て一週間ぶりの入浴。洗髪もできた。体中の垢をみんな落とし身軽になってとても気持ちいい。600人体制で下水道、ガスなどの復旧もはじめたとか。一番困るのは下水道。みんなトイレが大変。女性はとくに大変。余震が怖くてオシッコも落ち着いてできない。

■**11月10日㈬**

各区に洗濯機が設置され、フル回転。消火栓から取水。足ふきマットまで洗っている人、2台を独占して洗濯をする人、そこまでやらないでよ。待っている人がいっぱいいるのに。朝からそこここで倒壊家屋を撤去する音が聞こえてくる。どんどん人が減っている。「家屋取り壊し申し出書兼承諾書」を渡された。「この地区にある20軒の対応はどうするの」と聞くと、個々の事情がちがうので、役場に相談してくれという官僚的な答えだ。大地が滑っていて、どうにもならない。これは家屋以前の、20軒に共通の問題なのだといっているのに分かっていない。眠れない夜。充実感のない日々がすぎてゆく。身体の置き場所がない。心の置き場所もない。物資は少なくなってきた。寒空に放り出される日も近いかもしれない。

■**11月11日㈭**

年寄りは秋の収穫を焦り出している。野沢菜を採って早く漬けておきたいのだ。雪が降ってからではニガくなる。漬菜をつつきながらのお茶は無上の楽しみ。コトコト煮て柔らかくするあの煮菜（にいな）の香りも冬のくらしには欠かせない。煮菜で身も心も温まる。そんな昔からの習慣は地震でも揺るがない。

■**11月12日㈮**

ごはん当番なので6時半に起床して4区の本部へ急ぐ。4区本部の様子も大分変ってきた。自分たちの分だけ調理をする人もいて、半分は特定の人たちの場所となっている。避難所でも、力の強い人たちが自分の家であるかのように振る舞い、立場の弱い高齢者や1人世帯の人は指図されるがまま耐えるだけという話をいろいろな人から聞く。

「被災者生活再建の手引き」というパンフレットを渡され、夕方役場に出かけた。冒頭、山の崩壊についての説明があり、土砂が住宅地まで押し寄せる危険はなく、土石流の心配もないとのことだった。しかし、山全体の動き方に不安があり、自宅の地盤が安全なのかどうか、そこが一番知りたいという住民側の声に対しては説明がなかった。調査、検討を要望して2時間の会合は終わった。この問題では地域が一つにまとまることが先決だ。

■**11月13日㈯**

あの日から3週間。とりたてて何も進んでいない。昨夜の説明会の疲れで夜中から体調が悪い。食欲がなくだるい。気持ちは焦る。お前は何を焦っているんだと自問自答。焦ることはな

い。やれることをやればいい。いま出来ることは何？この日記を書くこと。それでいい。友人、知人、もと教え子たちからの電話や手紙しきり。ほんとにうれしい。生きていてよかった。

夕方、新潟の友人に誘われ、塩沢町の「江戸川荘」へ泊りがけで出かけた。ゆっくりとお湯に浸かり、揺れない所での一夜。身も心も休まった。

■11月14日(日)

8時朝食。ギリギリまで寝ていた。とてもすっきり。眼下に魚野川の清流。真向かいに魚沼丘陵。麓から中腹、そして頂上へとロッジやペンションが点在している。山の形がなだらかで崩落しそうにはない。景色を鑑賞するにも地震を考えてしまう。いまは仕方がない。午前中はおしゃべりと洗濯であっという間に過ぎた。大量の洗濯は友人がみなやってくれた。申しわけない。友人は「洗濯機がやってくれるから」と事もなげにいう。「命の洗濯」と「衣類の洗濯」、ほんとうに幸せな旅だった。

■11月15日(月)

予報どおり朝から雨。身体がだるい。夕方にかけだんだん強くなり大雨洪水注意報も出た。余震も何回も起きる。この雨で魚野川は増水していないだろうか。テント村の人たちはどうしているだろうか。とにかく早く寝よう。地震より前に…。車中に響く大きないびき。弟のやつ、うるさいぞ。静かにしてよ。

■11月16日(火)

役所の説明会が今夜あるという情報を別回路から知る。連絡を受けていないが6時前に会場に行った。役場の総務課が説明に立ち、信じられないことが話された。日大の地震学の先生が現地を見て、「あれはただの崖崩れで、地すべりではない。その心配は全くない」というものだった。要望があれば、あす直接説明していただく機会を作るというので、是非にとお願いした。

■11月17日(水)

久しぶりによく眠れた。日大の先生のお話は真実かもしれない。望みはある。10時ころ、先生と役場の方が見えた。先生は、「山は表土が崩れただけで、地すべりではない。これ以上は崩れない。山は固い岩盤でできていて、動くことはない。ただ、盛り土をした上に作った道路や住宅には被害があった。地盤に亀裂が入っているのも、土が地震で揺さぶられた結果であって、下の岩盤は動いていない」という説明をして下さった。山も安全、土地も安全、家も安全。よかった！　ただ、同じ町内の仲間が、住宅被害のあるなしで明と暗に分かれたことを思うと大変つらい。午後からは家の中の片づけをした。もう中の物を運び出すことはない。これからは掃除をする段階なのだ。そう思い、気持がなごんだ。自分の幸運にびっくり。神様、仏様、皆様、ほんとうにありがとう。

避難解除にはなったものの、上水道、下水道、ガスは復旧していない。トイレは使えず調理もできない。避難解除だなんて行政側の判断がよくわからない。車中泊をやめて、今夜から実

第1章　過去の地震被害を再検証する

家の3階に寝ることにした。揺れているので怖い。昼間と同じ服装で靴下も履いたままふとんに潜り込んだ。懐中電灯、携帯電話、ホイッスル、家の鍵をひとまとめにしてリュックにくくりつけ、すぐ飛びだせるようにした。布団に寝られることは本当に幸せ。

■11月18日(木)
　高校時代の友人たちが5人、東京から応援に駆けつけてくれた。水が出ないので掃除はできない。トイレも使えない。とにかく家の様子を見てちょうだいと案内する。途中の道路や地割れ、建物の傾きにびっくりした様子。こんな地震が東京で起きたらどうなるのなどと言っておどかす。

■11月19日(金)
　書店の若主人と話す。1週間前に店を再開。同時に避難所の当番もしているという。避難所の仕事は大きな負担となる。店の仕事に加えて家の片付けもあり、1人が三役をこなすのは無理というもの。時間が自由になる人ばかりではない。勤務先のある人、自営業の人、それぞれ違う条件を抱えているのだ。一家数人で避難所にいる人と、1人世帯の人に、同じ配分で当番がまわってくるのにも無理がある。何とかならないものだろうか。

■11月20日(土)
　千葉と横浜から2人の妹がやってきた。見慣れた景色のあまりの変わりようにびっくり。「すごいね。ひどいね」の連発。家の中の様子にも驚く。

■11月21日(日)
　午前中は2人の妹ととりとめのないおしゃべりをしながら洗濯をして、掃除をしてお茶を飲んだ。リラックスした。妙高の息子や孫も来て、昼には10人でにぎやかに食事をした。家の後片付けなどはもうどうでもよい。みんなでゆっくり過ごそう。とても大切な時間だ。この1カ月は激動の時間だった。みんなでよく話し、よく泣き、よく考え、よく笑った。自分の生き方についても考え、多くの人々の励ましや応援をいただいた。うれしいこともたくさんあった。本当に多くの方々に支えていただいたのだと心の底から思っている。ほんとうにありがとうございました。

　記された内容は単なる事実の記録にとどまらず、自宅や敷地の安全性に対する不安、十分な情報が届かないことへの苛立ち、行政に対する不満、避難所での他者との折り合いの難しさ、救援にくる家族や友人知人たちとの再会の喜びなどが繊細な筆致で記されている。いずれも、被災者となって初めて分かることばかり。
　私たちは、いつ大災害に見舞われるかわからない。松崎千鶴日記に記された避難生活の実像、それは、被災者となったときに私たち自身が辿る道かもしれないのだ。自宅へ帰還するまでの長い避難生活、その不安や困難さ、不自由さを、私たちは自分のこととして理解しておこう。

第14 2003年 十勝沖地震

津波で釣り人が行方不明

十勝沖地震		人 的 被 害 （人）			
2003年9月26日(金)　午前4時50分		死 者	行方不明	重傷者	軽傷者
M8.0	深さ45km	0	2	69	780
最大震度6弱		住 宅 被 害 （棟）			
北海道新冠町　新ひだか町　浦河町　鹿追町		全　壊	半　壊	一部破損	
幕別町　豊頃町　釧路町　厚岸町		116	368	1,580	

〔平成15年十勝沖地震（確定報）　消防庁〕

　負傷者・行方不明者851人中の847人は北海道内で発生した。建物の全壊は116棟あったが、死者はゼロ、行方不明者は2人、負傷者についての詳報はない。この地震では、苫小牧市にある出光興産㈱北海道製油所でタンク火災が発生、5日間にわたって黒い煙が空を覆ったことが記憶に残る。

　地震発生から6分後の午前4時56分、気象庁は北海道太平洋沿岸の東部と中部に津波警報を発表、北海道南岸の広い範囲で津波が観測された。最大の遡上高は豊頃町の3.8メートルだった。豊頃町の十勝川河口付近では、釣りをしていた男性2人（69歳と66歳）が行方不明になっている。沿岸部にいるときは、やはり「地震→即避難」の原則を守ることが大事だ。地震を感じたら自らそれを津波警報と読み替えて、即座に行動に移ろう。

　この地震による負傷者849人中の515人について、東京消防庁がまとめた資料[17]の中に、負傷原因の発生割合を明らかにしたものがある。下記のとおり。

　原因別では、「本人転倒」が最多の37.5％、次いで「家具類転倒」の20.4％、「落下物」の15.9％などが続く。この地震でも自損型の負傷が目立つ。

本人転倒	37.5％
家具類転倒	20.4％
落下物	15.9％
ガラス	13.6％
その他	12.6％

---

17 「宮城県北部を震源とする地震および平成15年十勝沖地震における負傷者実態分析のあらまし」東京消防庁　平成16年11月

第15

2003年　宮城県北部の地震

死者ゼロだが室内で多数の負傷者

宮城県北部の地震		人　的　被　害（人）			
2003年7月26日(土)　午前7時13分		死　者	行方不明	重傷者	軽傷者
M6.4	深さ12km	0	0	51	626
最大震度6強		住　宅　被　害（棟）			
宮城県美里町　東松島市　鳴瀬町		全　壊	半　壊	一部破損	
		1,276	3,809	10,976	

〔平成15年宮城県北部を震源とする地震（確定報）　消防庁〕

　十勝沖地震の2か月前には宮城県北部で地震が発生。建物の全壊は1,276棟あったが死者はゼロであった。670人を超える負傷者が出た。
　次の写真は、宮城県東松島市内で被災した住宅内部の様子を家人が撮影したもの。

〔多数の家具が転倒　　撮影　H.O.〕

撮影者は、傾いた書架の中からカメラを取り出して撮影した。送られてきたお便りには次のように記されている。

「自然の力の恐ろしさを改めて感じているところです。あのとき足元にあったスチール製の書架が倒れ、45度くらい傾いたところでベッドの縁でストップし、骨折を免れることができました。最近は、グラッときたら全身で身構えるようになりました」。

この写真は、室内災害の怖さをよく伝えている。留めていない家具はこうなる。タンスの前で寝ることは到底考えられない。

この地震では677人が負傷した。このうち597人について、東京消防庁がまとめた資料[16]の中に、負傷原因の割合を示したものがある。

最も多い負傷原因は「家具類の転倒」で30.1％であった。「落下物によるもの」も19.3％ある。この二つは人身被害の中でも最も一般的なタイプで、地震発生のつど多くの事例が報告される。転倒した家具や落下物が直接人体にダメージを与えるが、事前に家具の固定や落下防止対策を施しておけば防げる災害だ。

本人転倒	24.4%
家具類転倒	30.1%
落下物	19.3%
ガラス	15.0%
その他	11.3%

前節の「十勝沖地震」と、この「宮城県北部の地震」には、東京消防庁が調べた負傷割合のデータが揃っているので、これら両者を比較してみよう。2つの地震で大きく異なるのは「本人転倒」だ。特に十勝沖地震では37.5％と、突出している。

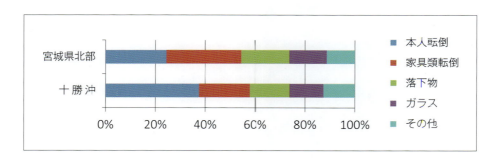

その原因は、発生時刻の違いにあると筆者は考えている。宮城県北部の地震は午前7時13分。すでに外は明るく、多くの人が食卓についていた。十勝沖地震の発生時刻は午前4時50分。夜明け前でまだ暗く、停電も加わって、暗闇の中での行動開始となった。これが「本人転倒」と

---

16 「宮城県北部を震源とする地震および平成15年十勝沖地震における負傷者実態分析のあらまし」東京消防庁　平成16年11月

第1章　過去の地震被害を再検証する

いう自損型の事故を多発させた要因ではないだろうか。暗闇のなか、ものが散乱した室内で行動することはとても危ない。

第16

2001年　芸予地震

「坂の町」で石垣の崩落が多発

芸　予　地　震		人　的　被　害（人）			
2001年3月24日(土)　午後3時27分		死　者	行方不明	重傷者	軽傷者
M6.7	深さ46km	2	0	43	245
最大震度6弱		住　宅　被　害（棟）			
広島県東広島市　熊野町　大崎上島町		全　壊	半　壊	一部破損	
^		70	774	49,223	

〔平成13年芸予地震（確定報）　消防庁〕

　この地震では290人の死傷者と5万棟あまりの住宅被害が出た。「坂の町」呉市では、階段状に築かれた古い住宅地で、石垣や擁壁の崩壊など地盤被害が多発した。

　死者は広島県で1人、愛媛県で1人の計2人。広島県呉市では隣接する建物の外壁が屋根を突き破って落下し、80歳の女性がその下敷きとなって死亡した。また、愛媛県北条市では、戸外に避難していた50歳の女性が、落下した自宅のベランダの下敷きになり死亡した。

　いずれも建築災害ではあるが、落下したのは建物本体ではなく、その「付属品」ともいえる部分である。同様の事例は2004年新潟県中越地震のときにもあった。新潟県十日町市で、落下した建物外壁の下敷きになり、34歳の男性が死亡した例である。

　負傷者についての詳報はない。

第17 2000年　鳥取県西部地震
自損型の負傷が多発

鳥取県西部地震		人 的 被 害（人）			
2000年10月06日(金)　午後01時30分		死　者	行方不明	重傷者	軽傷者
M7.3	深さ9km	0	0	39	143
最大震度6強		住 宅 被 害（棟）			
鳥取県境港市　日野町		全　壊	半　壊	一部破損	
		435	3,101	18,544	

〔平成12年鳥取県西部地震（確定報）　消防庁〕

マグニチュードは7.3　死者はゼロ

　マグニチュードは、阪神・淡路大震災に匹敵するM7.3、鳥取県日野町と境港市で震度6強を観測した。この地震による建物被害は、鳥取、島根、岡山の3県を中心に、全壊435棟、半壊3,101棟、一部損壊は18,544棟にのぼる。人的被害は、9つの府県で重軽傷者が182人発生したが死者はゼロであった。

負傷の状況

　負傷者182人中の141人は鳥取県内で発生した。このうちの42件については、鳥取県がまとめた資料[18]に負傷時の状況の記載がある。以下のとおり。
- 米子市（男性40歳代）重傷・右足及び腰を骨折、塀が倒れてきて下敷き
- 米子市（女性30歳代）重傷・腕及び鎖骨を骨折、本屋で本棚が倒れてきて下敷き
- 米子市（女性30歳代）軽傷・物が落ちてきて手を切り、数針縫った
- 米子市（男性10歳代）軽傷・打撲、学校で机の上の椅子が落下
- 境港市（女性60歳代）重傷・本棚が倒れ下敷き
- 境港市（女性60歳代）重傷・左下腿部骨折、ブロック塀が倒れ受傷
- 境港市（女性80歳代）軽傷・左下腿部骨折、テレビが落下
- 倉吉市（男性10歳代）軽傷・教室のテレビモニターが落下
- 西伯町（男性20歳代）軽傷・サッカーのゴールポストが倒れ額にけが
- 西伯町（女性80歳代）軽傷・テレビが落下

18　「震災誌・2000年鳥取県西部地震」鳥取県

第17　2000年　鳥取県西部地震

・会見町（男性50歳代）軽傷・頭部4針縫う、屋内で電灯が落下しガラスでけが
・淀江町（女性70歳代）重傷・左大腿骨頸部骨折、避難中に瓦が落下してきたため転倒
・日南町（男性70歳代）軽傷・打撲、棚の上から荷物が落下し打撲
・日野町（女性70歳代）軽傷・頭部打撲、落下物によるけが
・溝口町（女性80歳代）軽傷・右前下腿表皮剥離、水屋の下敷き
・米子市（女性50歳代）重傷・股関節骨折、避難中に転倒
・米子市（男性50歳代）重傷・両足骨折、地震の揺れでハシゴより落下
・米子市（女性20歳代）重傷・右足首骨折、地震の揺れで階段から転落
・米子市（女性80歳代）軽傷・自転車で転倒
・米子市（女性50歳代）軽傷・打撲、すり傷　地震で転倒
・米子市（女性90歳代）軽傷・地震で転倒
・米子市（男性10歳代）軽傷・打撲、すり傷　学校で足を滑らせ
・境港市（女性80歳代）重傷・左下腿部骨折、避難中に転倒
・西伯町（女性70歳代）重傷・大腿骨骨折、避難中に転倒
・西伯町（男性50歳代）軽傷・避難中に転倒
・西伯町（女性70歳代）軽傷・自転車で割れ目に落ち顔にけが
・西伯町（男性60歳代）軽傷・自転車で転倒
・西伯町（女性70歳代）軽傷・避難中に転倒
・会見町（女性80歳代）重傷・左足及び骨盤との付け根骨折、ドアノブにつかまったまま転倒
・会見町（女性70歳代）重傷・右手首骨折、屋外で転倒
・日野町（女性60歳代）重傷・大腿骨及び頸部骨折　家の前で転倒
・日野町（女性70歳代）重傷・左膝蓋骨骨折、砂防ダム工事現場で下半身が土砂に埋没
・日野町（男性50歳代）軽傷・砂防ダム工事現場で下半身が土砂に埋まった
・溝口町（女性60歳代）重傷・右大腿部骨折、停車中の車に落石、2名が閉じ込め
　　　　（男性70歳代）軽傷・右大腿部打撲傷　　　　同上
・大山町（男性20歳代）重傷・右肘骨折及び左足打撲、大山山中で50～100メートル滑落
・大山町（男性20歳代）軽傷・顔面及び両足擦過傷、登山中に2メートル滑落
・米子市（女性20歳代）軽傷・打撲及び切り傷、机の下に閉じ込め
・米子市（男性40歳代）軽傷・地震におびえ精神不安定
・日南町（男性50歳代）軽傷・火傷、熱湯により火傷
・日野町（男性30歳代）重傷・両足骨折、家屋倒壊～救出
・江府町（女性50歳代）軽傷・カミソリで手を切る（理容所）

　類型別では、「本人転倒・本人落下型」の16人が最多、次いで「転倒物・落下物型」が15人、「地盤災害」が4人、「滑落」が2人、「その他」5人の順である。「その他」の中には「家屋倒

第1章　過去の地震被害を再検証する

壊で両足骨折」という建築災害の例がみられるほか、「机の下に閉じ込め、打撲、切り傷」という注目すべき事例がある。この地震でも「自損型」が多数を占め、これを今後いかに小さくできるかが、人身被害の軽減を考える上で一つのポイントとなる。個々の事例は吟味しながら読むことが大事だ。私たちも、いつ同じ状況に追い込まれるか分からないからだ。我が身に置き換えて考え、事前の対策を打っておこう。

〔牧田家外観　撮影筆者〕

室内被害の事例

　震度6強を観測した日野町。ここで小学校教諭をしていた牧田教介さんの住宅が全壊となった。建物は、2階建ての洋館部分と、その奥に広がる和風建築の平屋部分から成る。洋館は大正年間に歯科診療所として建てられた。被害は「全壊」、立ったままの全壊である。翌月取り壊された。

　仕事から自宅に戻った夫婦は、薄暮の自宅前で落ち合い、車の中で夜明けを待った。翌朝、後片付けに着手する前にまず行ったのが、被災した自宅内部の様子を写真に残すことだった。ここに紹介するのはその「牧田アルバム」である。

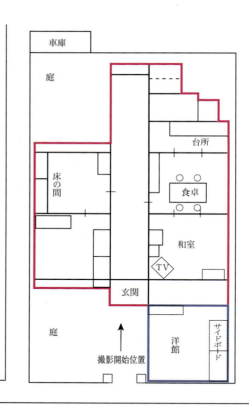

第17　2000年　鳥取県西部地震

①　門の位置から玄関を撮影。アルミサッシの引き戸は2枚ともガラスが破れ、うち1枚はレールからはずれている。昇り始めた朝日がガラスにあたっている。撮影時刻は午前6時頃か。

（以下の写真はすべて牧田教介撮影）

②　洋館内部。サイドボードは扉が開き、湯飲みやティーカップが床に落下した。鋭い破片が床に散乱している。ここを裸足で走り抜けると足裏にケガをする。

③　中央の和室（寝室）。左側に立っていた二段重ねのタンスは上下に分かれて中央へ転倒。揺すられているうちに引き出しがせり出し、重心が前に移って転倒に至った模様。間に60センチの隙間があり、転倒というより、放り投げられた形だ。タンスが倒れたこの位置（点線の範囲）は、ちょうど家人が毎晩床を延べる位置であった。奥に食堂の椅子が見えている。

125

第1章　過去の地震被害を再検証する

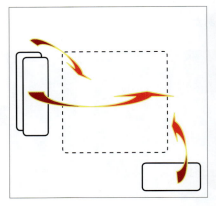

④⑤　その奥にある食堂と台所。食卓の上と右下の床に壁の大きな剥落片あり。画面奥の白い家具は左側に立っていた食器棚。両開きのガラス扉の一方が開いたまま見えている。床に倒れ伏す直前に内容物を一気に落下させ、その上にのしかかるように倒れた。

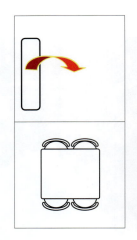

　住宅は人間の営みを雨風から守るものであり、地震災害からも人の命を守るものでなければならない。牧田家住宅は全壊となり間もなく取り壊された。しかし、ペシャンコに倒壊することなく、80年の風雪と震度6強の地震に耐えて生存空間を保持し、住宅としての使命を全うした。

　写真に残された住居内の様子は、家財道具の転倒や落下物による被害の怖さをよく伝えている。写真と同じような状況は地域全体で広く見られた光景であるという。この地震は金曜日の午後1時30分に発生し死者はゼロであったが、これが就寝中の夜中の1時30分であったならば、室内災害による死傷者が増えるなど、地域全体の被害の様相は大きく変わっていたことだろう。

第18

1995年　阪神・淡路大震災

住宅全壊10万余棟の衝撃

阪神・淡路大震災		人 的 被 害（人）			
1995年1月17日(火)　午前5時46分		死　者	行方不明	重傷者	軽傷者
M7.3	深さ16km	6,434	3	10,683	33,109
最大震度7		住 宅 被 害（棟）			
神戸市等阪神・淡路地域		全　壊	半　壊	一部破損	
^		104,906	144,274	390,506	

〔阪神・淡路大震災について（確定報）　消防庁〕

　1995年の阪神・淡路大震災では、被災地の公的機関やマスコミなどから外部への情報発信機能が著しく低下し、被害の実態がなかなか伝わってこなかった。発災後数時間のあいだ私たちが得た有力な情報といえば、テレビ各社が飛ばしたヘリからの映像であった。映し出されたのは神戸市中心部に立ち並ぶビル群と、街並みのあちこちから立ちのぼる幾筋もの火災の煙などの遠望情報だった。沈黙する大都市神戸、助けを呼ぶ声は聞こえない。人々はどうやって命をつないでいるのだろうか、消火活動は行われているのだろうか、胸騒ぎを抱えつつ中腰でテレビを見続けた記憶がある。被災地がいかに深刻な状況に陥ったか、遠望情報だけでそのことがよく伝わってきた。

コンクリート構造物に大被害

　この震災では多数のビルが大破壊を起こしたのをはじめ、高速道路の橋脚が折れて横倒しになったり、新幹線の橋桁が落下したりするなど、多数のコンクリート構造物が空前の大被害を受けた。コンクリートは頑丈だという信頼感が一挙に失われ、専門家を含めて社会全体に大きな衝撃が走った。その後鉄筋コンクリート構造物の耐震性を高めるため、ビル建設では、柱の鉄筋に巻き付けるベルトの数を増やして上下間隔を密にするなど基準が強化された。新幹線の高架橋も、支える柱を太くするなど、耐震化工事が順次行われていった。駅のコンコースの一部に板囲いをして柱を太くする。そうした工事が数ヶ月続いたことをご記憶の方もいるだろう。

建築災害多発の背景

　この大震災では、全壊家屋だけでもじつに10万棟を超える被害となった。倒壊した建物の中には閉じ込められたまま救出を待つ多くの人がいた。外にいる家族は建物の破れ目から見える

第1章　過去の地震被害を再検証する

中の家族を励まし続けたが、火災が迫るに及んでついに救出を断念、残された多くの人が生きたまま火炎にのまれる結果となった。筆者はこうした状況を伝えるニュース映像に激しいショックを受け、いまだにいたたまれない気持ちになる。

死亡原因　死傷時の状況

　死傷者の数があまりにも多く、全体の傾向を知るためには統計的資料に頼らざるを得ない。厚生省（当時）がまとめた報告[19]の中に、死因や死亡時間帯などをまとめたものがある。
　主なデータは以下のとおり。

死因別	窒息・圧死	77.0%
	焼死・熱傷	9.2%
死亡日時	当日午前	81.3%
	当日終日	94.3%
死亡場所	自宅	78.9%

　地震が起きた火曜日の午前5時46分には93.8%[20]の人が自宅にいて、その大半は就寝中であった。

　10万棟を超える全壊家屋。生存空間が失われた住宅ではそのまま死亡事故となる一方で、生存空間が残された住宅では「閉じ込め」にあうケースが多発した。近隣の住民が協力して救出した事例が数多く報告されているが、本格的なレスキューが必要な現場でそれが間に合わず、死亡に至ったケースもある。さらに、迫り来る火災によって救出作業そのものを諦めざるを得ない事例もあり、数多くの悲劇が生まれた。火災が多発した神戸市長田区では、死者の1/3（32.9%）が焼死といういたましい結果になった。

　阪神・淡路大震災の被害の傾向について、内閣府がまとめた資料[21]がある。箇条書き形式で記述されていて内容は多岐にわたるが、その中から建築災害や室内災害に触れたものを紹介する。
■犠牲者のほとんどは自宅における死亡であり、戦前の木造住宅が比較的多く残存していた地域での死者が多かったとされる。
■震災による死亡者の9割以上は死亡推定時刻が当日6時までとなっており、ほとんどが即死状態だったとされている。
■死因のほとんどは、家屋の倒壊や家具などの転倒による圧迫死だった。
■震災による負傷者は約43,800人にのぼり、その多くは家具などの転倒、家屋の倒壊、落下物などによるものとされている。

19　「人口動態統計からみた阪神・淡路大震災による死亡の状況」厚生省大臣官房統計情報部
20　国民生活時間調査1995（NHK放送文化研究所）
21　「阪神・淡路大震災　教訓情報資料集」内閣府・防災情報のページ

犠牲者の大半は自宅内で死亡していて、倒壊した建物や家具の下敷きによるケースが多かったこと、戦前の古い木造住宅が残っている地域での死者が多かったことなどが挙げられている。在宅率が高い時間帯に起きた悲劇である。

重い屋根とシロアリが建物大破の主因

大規模な建築災害が起きた背景には何があったのだろうか。当時の大阪市立大学の宮野道雄助教授と土井正専任講師は現地調査に入り、その結果を論文[22]にまとめている。

建物被害の調査は神戸市東灘区と淡路島の北淡町（現在は淡路市）で行われ、損害の程度、建築年代、それにシロアリによる被害（蟻害）や腐れ（腐朽）のあるなしなどが調べられた。

神戸市東灘区では、調査した709棟中、蟻害・腐朽があったのは218棟であった。この218棟について被害の程度を調べると、全壊がじつに185戸（93.4%）、半壊が12戸（6.1%）、軽微または無被害が1戸（0.5%）であった。一方、蟻害・腐朽なしの389棟では、全壊が91戸（23.9%）、半壊88戸（23.1%）、無被害か被害軽微が202戸（53.0%）であった。シロアリの食害の有無によって被害に決定的な差が生じている。この地域では、建物の97%が瓦葺きの屋根を載せている。こうしたことから、論文では、重い屋根瓦に加え、シロアリによる食害と腐朽が複合的に影響しあい、全壊に至らしめたと結論づけている。

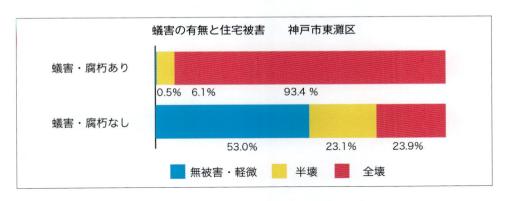

新潟県中越地震や新潟県中越沖地震でも建築年代の古い住宅に被害が集中しているという指摘がある。家が古くなると主要構造部分が腐ったり、シロアリの食害を受けてスカスカになったりする。この論文はそれを具体的な数値で明らかにした。家の経年劣化についてもしっかりと関心を持ち、建築士などのチェックを受ける機会を作ろう。

---

22 「兵庫県南部地震による木造家屋被害に対する蟻害・腐朽の影響」1995年

第2章

災害タイプ別　各論

地震被害の現れ方にはそれぞれ際だった特徴がある。
なぜそのような被害パターンになったのか。
地震被害を特徴付ける背景は何か。
それを解き明かすために、
これまでの分析結果を洗い直し、
災害タイプ別に再度検討してみよう。

第1 土砂災害

どう備え どう回避するか

　本書では、ここまで、主として阪神・淡路大震災から熊本地震に至るあいだの特別大きな被害地震14件について考察を重ねてきた。一方、震度6弱には至らなかったものの、同じ期間内に起きた震度5または5弱以上の地震を気象庁のデータベース「日本付近で発生した被害地震」から抽出すると総数は160回を超える。これらの地震でも多数の死傷者が出ている。こうした発生頻度の高い地震に対しても私たちは十分な注意を払い、事前対策を整える必要がある。ここからは、災害タイプ別に検討しよう。まず土砂災害から。

　私たちの命が直接脅かされる「土砂災害」には、「山崩れ」「がけ崩れ」「落石」「地すべり」「土石流」などがある。無防備な状態のまま土石流に襲われると、助かる可能性は極めて小さい。地震被害の中で最も恐ろしいものの一つだ。どうすれば身の安全をはかることができるのだろうか。限られた選択肢の中からそれを探しつつ論をすすめたい。

土砂災害の種別

　土砂災害のうち、「がけ崩れ」「地すべり」「土石流」の3つについて、その違いは次の通り。

〔資料提供；NPO法人 土砂災害防止広報センター〕

①がけ崩れ

　大雨や地震で急な斜面が突然崩れ落ちる現象。直上直下に人家があればまともに被災する。逃げるいとまはなく、生死に直結する。建物が丈夫であれば、反対側の部屋にいて助かることがある。崩れた土砂は、高さの2倍くらいの範囲に広がるので、その範囲に住む人は要注意。

②地すべり

　斜面にある広範囲の土地がゆっくり滑り出す現象。動きは緩慢なことが多い。押し出された地面は建物を傾けたり、下の道路を埋めたりする。

③土石流

　山と山に挟まれた谷や渓流を岩石や土砂や流木などが一体となって流れ下る現象。流速は速い。時には両岸の山肌を削り取り、流量を増しながら人里を襲う。破壊力は大きく、あとには分厚い堆積物が残る。コース沿いや流路の延長線上に住む方は要注意。

災害をくい止めるための事業

　土砂災害を防ぐためには、土石流の心配があるところには堰堤を作る、ガケには擁壁を築くなど、大型の事業を行う必要がある。事業費が大きく、地権者個人の負担能力を超えるものもある。公費を投入してのハードウェア整備事業は、「砂防三法」と呼ばれる３つの法律（「砂防法」「地すべり等防止法」「急傾斜地の崩壊による災害の防止に関する法律」）に基づいて進められる。たとえばガケ（急傾斜地）の防災事業には次のようなやりかたがある。

急傾斜地崩壊危険区域の指定

　がけ崩れの恐れのあるところでは、「急傾斜地崩壊危険区域」に指定した上で、次のような手順に従って防災工事が行われる。

　まず、「急傾斜地」とは、崖の傾斜角が30度以上で、高さは５メートル以上。崖の上端からの水平距離10メートル、下端からは高さの２倍の水平距離（最長50メートル）までの範囲がその対象となる。大雨や地震発生時に災害が起きる恐れのあるところだ。この自然条件に加え、ここに人家が５戸以上あることも条件となる。

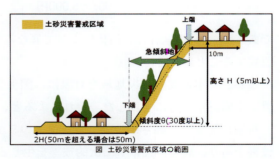

〔図は川崎市土砂災害ハザードマップから〕

工事に至るまでの流れ

　関係する土地所有者全員と地元市町村の間で合意が形成できれば、市町村役場は都道府県に申請、これを受けて県知事は「急傾斜地崩壊危険区域」に指定する。指定されると、現地には「急傾斜地崩壊危険区域」という標識が立てられ、区域内では、崖地を一層不安定化させる行為、例えば立木の伐採や土石の採取などが制限され、建築も制限される。こうした手続きを経て工事計画が立てられ、地元と協議を継続しつつ着工への運びとなる。

第2章　災害タイプ別　各論

静岡県内での事業例

　これは静岡県内で行われた事業の例。急傾斜地が民家に迫っている。崖の崩壊による影響は16棟に及ぶと見込まれていた。関係する地権者と自治体との間で話がまとまり、平成24年4月に着工、28年3月に完成した。

〔左は施工前の写真　静岡県撮影　右は完成後の写真　筆者撮影〕

　総事業費は9,076万円。その内訳は……

国　費	3,630万4,000円
県　費	4,538万0,000円
市負担	907万6,000円

であった。（負担割合は自治体によって異なる。）こうした手を打つことで、不利な立地条件を改善することができる。

　なお、熊本地震の被災地域を対象に、国土交通省は、「急傾斜地」の要件を緩和する特例措置を平成28年6月に発表した。それによると、「自然斜面」のほかに、人工斜面（宅地擁壁等）も対象に加えた。高さについても、従来の5m以上を3m以上に拡大した。（ただし、人家に被害があり、周辺住民にも二次的被害を生じるおそれがある場合。）

土石流危険渓流では早めの避難

　「土石流危険渓流」も身近なところに存在する。山裾にある町を沢に沿って進むと「土石流危険渓流」という標識を目にすることがある。沢沿いの道に沿って人家が建ち並び、両側には山が迫る。こうした場所では土石流が発生する危険性があり、一定数の人家や公共施設などがあれば土石流危険渓流に指定される。対象となった地区では、大雨が続くときなどには早めの避難などが呼びかけられる。

大雨と地震　酷似する土砂災害

　ここで大雨災害にも触れておこう。中山間地など傾斜地や急峻な地形が多い場所では、大雨が降ると土砂災害が起きる恐れがある。豪雨が続き深刻な被害が切迫していると予想されるときには、一つの市域全体に避難勧告や避難指示が出されることがある。さらに気象庁や都道府県から「土砂災害警戒情報」が発表されることもあり、大雨による被害が心配される地域では、市町村長からの避難勧告や避難指示を待たずに自主的に避難を始めることが勧められている。

　地震発生時の土砂災害は、実は大雨災害とよく似たパターンをとることがある。けわしい地形の山間地に住む方は、豪雨が長時間続いたときはどんなタイミングで自主的に避難を始めるか、十分にお考えになっていることと思う。一方、地震による激しい揺れを感じた時も、即刻避難など同様の行動をとることをお勧めしたい。土石流が迫っているかもしれないからだ。また、地震のあと、直近にあるガケが幸い崩れずに残ったとしても、余震がくればいつ崩れるかわからないし、雨で地盤が緩んでいるときはなおさら危険性は高い。何事かあれば素早い避難。これが生死を分ける分岐点になることがある。

避難計画はできていますか

　災害という計り知れない力を持つ現象に対しては、コンクリートの堰堤や擁壁などハードウェアを築いても、それだけに頼りきることはできない。こうした防災事業を行う一方で、避難対策も整えておく必要がある。避難などのソフトウェアを定めた法律[1]で、「土砂災害警戒区域」に指定したうえで、避難計画などを警戒区域ごとに定め、印刷物などで事前に住民に周知することと、災害情報の収集や伝達などの体制を整えておくことを地元市町村に求めている。市町村が作ったハザードマップをお持ちのご家庭も多いことと思う。「土砂災害警戒区域」に指定されたところでは、いざというときはどこへ避難するのか、どんなタイミングで避難に踏み切るかなどを、家族で検討・確認しておくことが必要だ。いずれにしても、自分で判断し、決断し、行動することが求められる時代になった。

宅地を買うとき……

　いったん大規模な土石流に見舞われると、住宅はもちろん宅地までも失うことになりかねない。住宅を建てるとき、敷地の選定は慎重にしなければならない。土砂災害警戒区域の中にある宅地や建物を売買するときは、それが土砂災害警戒区域内にあることを重要事項説明書の中に明記し、説明することが、取引業者に義務づけられている。知らないうちに買ってしまうことはないので、これも覚えておこう。

1　「土砂災害警戒区域等における土砂災害防止対策の推進に関する法律」

第2 地盤の液状化等
内陸部の平坦地でも広く発生

平らな地形が広がるところでも大災害

　日本で平らな地形の所といえば、沿岸にある平野と山間部にある盆地などで、国土面積のわずか数％しかない。そこには大都市や中小都市が築かれ、1億2千万余の人が家庭生活を送り、社会活動をしている。土砂災害とは無縁と思われてきた「平らな地形」の所。そこで起きたのが、土砂災害とはタイプが異なる「地盤の液状化被害」だ。東日本大震災のときは、沿岸の埋め立て地ばかりでなく、内陸部まで大きな被害に見舞われた。国土交通省の資料*によると、地盤の液状化被害が確認されたのは、関東地方だけで7都県、少なくとも96市区町村にのぼる。あまりにも被害規模が大きく、これを今後どうするかは、日本社会に投げ込まれた防災上の新たな課題だ。

自宅敷地を今後どうするか

　液状化被害があった敷地をどうするか。これは被災者にとって頭の痛い問題だ。住宅が現に建っている土地は、土地にかかる固定資産税と都市計画税が軽減されているが、建物を取り払って更地にすると軽減措置が受けられなくなり、税負担がにわかに重くなる。これを回避するために、東日本大震災で被災した住宅の敷地については、被害程度が半壊以上の場合は、更地にしたあともその敷地を住宅用地とみなして、平成33年度分まで固定資産税等の軽減措置を継続する特例措置がとられている。しかし液状化被害の再来を心配して、もとの敷地に再築することをためらう人もいる。液状化を含め、軟弱地盤をどうするかは解決の難しい問題だ。

我孫子市の模索

　液状化被害の再発を防ぐため、我孫子市は当初、公共事業として対策工事を進める方針を掲げ、「我孫子市液状化対策検討委員会」を設けて5通りの工法を検討した。いずれの案も、技術面での実行可能性、工事の難易度、事業費の大小、住民負担の問題などが複雑に絡み合い、結局一つに絞り込むことはできなかった。地域全体をまとめて液状化被害から守る決め手は今のところないということだ。

　これに代えて我孫子市が打ち出したのは、住宅再築にあわせて液状化対策を行う市民に対し

---

*　国土交通省関東地方整備局・公益社団法人地盤工学会「東北地方太平洋沖地震による関東地方の地盤液状化現象の実態解明報告書」（平成23年）

て補助金を出すというもの。一定の条件を満たせば、液状化対策費の2分の1、最高50万円まで補助が受けられる。この制度も平成33年度分まで受付が行われる。工法としては、杭を打ち込む方法や地盤改良など、従来から行われていたやりかたの中から選択することになる。いずれにしても、自宅敷地の身の振り方については所有者個人が決断しなければならない。

敷地の地盤変状

　地盤の液状化とは異なる地盤災害もある。住宅を支える地盤が損なわれる「敷地の地盤変状」や「地盤沈下」などだ。「地盤変状」という言葉は地盤災害全体を指す意味で使われることもあり、用法はまだ定まっていない。ここでは、敷地の一部が損なわれ、建物に被害が及ぶ現象として考える。

〔2004年新潟県中越地震の被害例〕

　2004年新潟県中越地震の被害写真。左の写真は小千谷市内、右は（旧）川口町内で撮影。いずれも建物を支える地盤が大きく損なわれて建物被害につながったケースだ。外見上、建物自体の変形は両者ともそれほど大きくはない。「箱」としての形は保たれている。
　一方、見た目には無被害と思える住宅の中にも、敷地の一部が沈下した影響で建物全体がわずかに傾いた被災事例がある。建具の立て付けが悪くなる、床にボールを置くとゆっくり転がりはじめ、部屋の端まで行って止まる、などの現象だ。こうしたわずかな傾きであっても、中にいる人は不快感をおぼえる。やがて、めまいや吐き気、睡眠障害などで体調をくずし、そのまま住み続けることがむずかしくなる。

第2章　災害タイプ別　各論

　上の写真は、宮城県南三陸町の海岸から2キロ地点にある小山家の住宅。高台にあったため津波の被害を免れた。地震の影響で建物の南東の角付近で地盤が15センチ沈下し、雨水用の白いパイプが寸足らずになってしまった。灰色の塩ビ管が継ぎ足してある。
　家全体の傾きを元に戻すために、布基礎の下に17台のジャッキをあてがい、基礎ごと持ち上げて元に戻す工法がとられた。

敷地を選ぶとき

　地盤の良し悪しが住宅の被害程度を大きく左右することがある。同じ住宅団地の中でも、切り土の上に建てられた住宅と、盛り土の上の住宅とでは被害程度が異なることはこれまでも指摘されてきた。丈夫な家を作る前に、のちのちの住まいの安全にとって敷地の選定が重要なファクターとなることは明らかだ。
　家を建てるときの一般的な手順として、私たちはまず敷地を購入し、それから建築士に設計・施工などを依頼する。請け負った建築士は、普通の地盤であるか、やや悪い地盤であるか、それとも非常に悪い地盤であるかなどの地盤条件を確かめ、提示された予算額など、いくつかの制約条件の中で最良の仕事をしようとする。もし、敷地が軟弱地盤など「非常に悪い地盤」である場合は壁の量を増やすなどの工夫をする。しっかりした地盤であれば、設計や間取りもより自由に行えて、設計プランにゆとりが生まれる。
　こうした流れを見直すと、敷地の選定段階から建築士に相談することができれば、より丈夫な家造りへの近道になるだろう。役所に出す建築確認申請の書類には地盤種別を書き込む欄があり、県などが公表している地盤地図や地質図、震度予測図などいくつかのデータを集める必要がある。隣の家がすでに持っている情報があればそれも参考になる。何かあれば相談できる建築士。それが身近にいれば心強い。

第3 建築災害

既存不適格住宅に大被害

建築災害を伴った地震

　地震の振動で住宅が大破・倒壊したときに、住宅建築は人に対してどのように牙を剥いてくるのだろうか。住宅の倒壊が人の命を奪う「倒壊➡圧死」はどの程度頻発しているのだろうか。震度と建築災害との関係をさぐるために、巻頭に掲げた地震の一覧表を震度別に並び替えてみよう。

（単位：人、棟）

発生年月日	震度	地震の名称	死者	不明	重傷	軽傷	全壊	半壊
1995/ 1 /17	7	阪神・淡路大震災	6,434	3	10,683	33,109	104,906	144,274
2004/10/23	7	新潟県中越地震	68		633	4,172	3175	13,810
2011/ 3 /11	7	東日本大震災	19,533	2,585	700	5,345	121,768	280,160
2016/ 4 /14, 16	7	熊本地震	225		1,143	1,604	8,689	33,870
2000/10/ 6	6強	鳥取県西部地震	0		39	143	435	3,101
2003/ 7 /26	6強	宮城県北部の地震	0		51	626	1,276	3,809
2007/ 3 /25	6強	能登半島地震	1		91	265	686	1,740
2007/ 7 /16	6強	新潟県中越沖地震	15		330	2,013	1,331	5,710
2008/ 6 /14	6強	岩手・宮城内陸地震	17	6	70	356	30	146
2001/ 3 /24	6弱	芸予地震	2		43	245	70	774
2003/ 9 /26	6弱	十勝沖地震	0	2	69	780	116	368
2005/ 3 /20	6弱	福岡県西方沖地震	1		198	1,006	144	353
2008/ 7 /24	6弱	岩手県沿岸北部の地震	1		35	176	1	0
2009/ 8 /11	6弱	駿河湾の地震	1		19	300	0	6

　この中で「倒壊➡圧死」型の建築災害が確認できたのは、表の上から4つ（すべて最大震度7の地震）と、新潟県中越沖地震（最大震度6強）の、あわせて5件。このような大きな地震が発生すると建築災害が前面に出てくる。

　中間部分（震度6強）はどうだろうか。死者15人をだした新潟県中越沖地震では「倒壊した家の下敷きになって死亡」は10人で、建築物による死亡例が多かった。しかし、17人の死者をだした岩手・宮城内陸地震では建物由来の死者はなかった。17人中の12人は土石の崩落により犠牲となったケース。ほかに、転落3、自損型交通事故1。「地震で崩れた書籍に埋まって窒息死」という室内災害の事例が1件あった。

第2章　災害タイプ別　各論

　一方、下の5件（震度6弱）は死者の数がいずれも0人から2人。この中に建物倒壊に由来する死者はない。これらのデータを見るかぎり、建物が人を死傷させる災害は、震度7のときは確実に起き、震度6強のときは、あったりなかったりする。（これはあくまでも大ざっぱな分析であり、精密に比較するためには被害率で比べる必要がある。）

　建築基準法は、その第1条で「国民の生命、健康および財産の保護を図ることが目的」であるとうたっている。「国民の生命の保護」を第一義として挙げていることについて、国土交通省は、「中規模の地震（震度5強程度）に対しては、ほとんど損傷を生じない」、「極めて希にしか発生しない大規模の地震（震度6強から震度7程度）に対しては、人命に危害を及ぼすような倒壊等の被害を生じないこと」、これが目標であると説明している[2]。これまで検討してきた14件の地震被害は、それを裏付ける結果となっている。

建築災害はどのようなときに起きるか

　では、どのような条件が重なると多数の住宅が被害を受けるのだろうか。建築災害の発生が確認できた5つの地震をみると、これらの地震には共通した特徴がある。第一に、最大震度が大きいということ。第二に、震源が比較的浅いところにあることが指摘される。マグニチュードが大きく、さらに震源が浅いと、その直上では広い範囲で大被害となる。

　マグニチュードの値と震源の深さを被害規模と照らし合わせて検討すると、マグニチュードが大きい地震であっても、震源の深さが50キロ以上あれば、地上での被害は緩和され、100キロ以上の深さがあれば、地上への影響は限定的になる。（逆に、マグニチュードの小さい地震であっても、地表に近い所で起きれば深刻な被害をもたらすが、この場合、被害範囲は比較的小さい。震源の深さと被害との関係についても注視しよう。）

　第三の条件としては、住宅と同じ固有周期の地震に襲われたときだ。木造住宅は短い周期でカタカタと揺れ、超高層ビルは長い周期でユーッタユーッタと揺れる。我が家に到達した地震動の周期が建物の固有周期と一致すると、建物の揺れ幅が増幅されて大きな被害につながる。以上の3条件は直下型の地震のときに重なりやすい。直下型が恐れられているのはそのためだ。

　これらの条件に加え、さらに、住宅そのものの耐震強度が現行の基準を満たしていない建物で、老朽化が進んで傷みの激しいものは深刻な被害となる。

古い建物ほど被害が大きい

　2004年新潟県中越地震の建物被害について、日本建築学会が行った調査の中に、建築年代と被害程度とのクロスチェックデータがある[3]。建築年代がはっきりした512棟を調べたもの。

2　国土交通省　「住宅・建築物の耐震化に関する現状と課題」
3　「2004年10月23日新潟県中越地震被害調査報告書」日本建築学会　2006年

第3　建築災害

	無被害	一部損壊	半　壊	全　壊	倒　壊
1950年以前	7	22	13	13	2
1951〜1970年	28	81	16	20	7
1971〜1980年	30	72	14	15	1
1981年以降	84	74	5	5	3

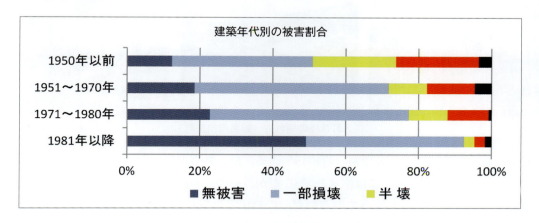

　1981年以降に建った比較的新しい建物は92％が無被害または一部損壊であったが、1950年以前の古い建築では、無被害と一部損壊はおよそ50％にとどまる。逆に全壊率は、新しい建物は2.9％、古い住宅は22.8％にのぼる。建築年代と被害の程度とは、このような正比例の関係にあり、建築年代が古くなるほど被害の程度は大きいとされる。その理由は2つ挙げられる。一つは建築基準法の耐震基準が段階的に引き上げられ、新しい住宅は最新の耐震基準に従って建てられる一方で、古い住宅の中には手入れがされず、そのまま放置されているものがあるからだ。最新の耐震基準にくらべてもともと構造的に弱いうえ、老朽化の問題がこれに加わる。長年風雨にさらされると、大事な構造部分が腐ったりシロアリの害を受けて傷んだりしていることがある。こうした弱点を抱えた建物は地震のときに一気に大破に至る。耐震診断を受け、住宅の健全性をチェックする必要がある。

住宅はこのような壊れ方をした

　被災地に入ると、住宅の壊れ方に実に様々なタイプがあることがわかる。次頁の写真は、2007年能登半島地震で被災した輪島市門前町の様子を写したもの。
　左の写真の家は、一階部分が道路側にはらみ出している。立ったまま頑張ってはいるものの、全壊である。余震による倒壊にそなえ、道路の片側一車線を通行規制している。こうした「立ったままの全壊」は意外に多い。
　中央の写真の家は粉砕されたようにグシャッとつぶれた。道路のセンターライン付近まで茶

第2章　災害タイプ別　各論

色に変色していて、その付近までガレキが滑り出した様子が読み取れる。これらの写真は地震の4日あとに撮影したもの。それまでに人力やブルドーザーでガレキはかきあげられていた。この家は長いこと無人であった。人が住めないくらいに老朽化した家は、このような壊れ方をすることがある。

〔3軒3様の壊れ方　輪島市門前町〕

　右の写真はN家住宅。この建物（昭和45年建築）は、外観上破損がないように見え、応急危険度判定も黄色（「立ち入りには注意して」）だが、その後の診断で全壊と認定された。基礎と建物本体との間がずれてしまっているのだ。この住宅は取り壊され、今はない。これも、「立ったまま全壊」のケースだ。（※内部被害については「第1章・第9「能登半島地震」ですでに紹介済み。）

　同じ輪島市門前町にあるH家住宅。2階部分は変形せず鉛直線を保っているが、1階は南北方向が菱形に変形した。側面（東西方向）には窓などの開口部がなく、比較的丈夫な構造だが、手前（南側）は壁など構造的に強いものがほとんどない。海に面する方角を思い切り開放した間取りになっていて、一番手前側はアルミサッシの網戸とガラス戸、その内側は広縁、さらに内側に障子という造りになっている。東西方向と南北方向の壁の量が著しくバランスを欠いていたようだ。かろうじて立ってはいるが、全壊である。一方、左隣には平屋の建物があり、こちらは変形がない。耐震診断の診断基準によれば、平屋建ては2階建てよりも耐震性が高いとされ、さらに、壁が東西・南北の双方向にバランスよく配置されていればより丈夫であると判断される。まさにその基準を裏付ける事例である。

第3　建築災害

〔1階部分が大きく変形した住宅　輪島市門前町〕

　同じ町内にある建物。土台に開けた穴に陥入させるホゾ（突起）がなくなっている。柱の下端にあるはずのホゾ。この地震で砕けたのか、破断面の木の色が新しい。倒壊に至った背景には極度の老朽化がある。柱の腐朽とシロアリによる蝕害が進んでいたのだ。こうしたことが知らないうちに進んでいるとすれば恐いことである。

〔柱がホゾ穴から抜けて倒壊した例　輪島市門前町〕

　2004年新潟県中越地震の被害写真を見よう。次ページの左側の写真は、JR上越線の越後川口駅近くで撮ったもの。右側の建物は2階建てであった。1階の店舗部分が崩壊してなくなり、平屋のように見える。画面の一番左に、大変古い黒ずんだ木造建物がわずかに見えている。大変古いと思われるこの建物は倒壊を免れ、立ったままの全壊状態となった。これら二つは取り壊され、今は更地となっている。一方、真ん中の新しい3階建ての住宅は無被害であった。現在も使われている。

　次ページの右の写真は同じく旧川口町内の住宅。横倒しになるという珍しい壊れ方だ。この家で一人暮らしをしていた80歳代の女性は、地震のあと、開いた窓から自力で脱出した。ケガはなかった。

第2章　災害タイプ別　各論

〔（左）１階部分がなくなった店舗　（右）横倒しになった住宅〕

　下の写真（左）は、１階部分がなくなってしまった建物。もともと店舗の造りで、開口部が大きかった。中で乗用車が押し潰されている。その向こうに見えている新しい建物（３階建て）は被害軽微。

　右の写真は崩れ落ちた住宅。老朽化が進んでいた。隣には無傷で残った新しい住宅が見えている。これら２枚の写真には、いずれも、新しい建物と全壊した古い建物がセットで写りこんでいて、経年劣化がいかにこわいものかがよく分かる。

〔新潟県中越地震　新潟県（旧）川口町で〕

　このように、建物は様々な壊れ方をする。同じ被災地内であっても一様の壊れ方をするわけではない。建てた時期が違い、建築方式が一軒一軒異なるからだ。また同じ外観、同じ間取りの住宅が隣あわせに建っていても、地盤条件がちがえば被害の程度も異なってくることがある。家がどう壊れるか、あるいは壊れないかは、それぞれの家、個別の問題である。大事なことは、「我が家はどうなのか」ということを知っておくこと。そのために耐震診断を受けることをおすすめしたい。

段階的に強化されてきた耐震基準

　昭和53年に起きた宮城県沖地震では7,500棟の建物が全半壊した。大都市が襲われたこの地震では住宅被害のサンプルが多数得られ、研究や検討を経て、昭和56年の耐震基準改定につながった。昭和56年の夏以降に建てられた住宅は地震に比較的強いとされるのはこのためである。ほんとうにその通りなのかどうか、新耐震基準の有効性が試されたのが阪神淡路大震災だ。このとき、既存不適格と思われる多数の住宅が倒壊して衝撃的な被害となった一方、昭和56年以降に建てられた、いわゆる「新耐震基準」による住宅には、被害が比較的少なかったことが指摘されている。大手ハウスメーカーの中には、「震度7の地域に建てたわが社の住宅には1件も被害がなかった」という趣旨の広告を新聞に掲載したところもあり、新耐震基準が一定の効果を持つものであるとの認識が建築関係者の間に共有された。耐震基準は、その後も柱と梁との接合部を金物で緊結するなどの改正が重ねられ、この「新・新耐震基準」で建てられる住宅は耐震性能がさらに向上したというのが、建築関係者の共通した認識であるようだ。

　法律が改正され、耐震基準が強化されても、それが適用されるのは、これから新たに建築されるものに限られ、それ以前から存在する建物には改正法は適用されない。旧耐震基準の家は、建て替えが行われない限り、基本的にはそのまま放っておかれる。既存の住宅は最新の建築基準法には適合していない。（「既存不適格」と呼ばれる。）さらに、特に古い住宅のなかには腐朽など老朽化による傷みが激しいものが少なくない。「既存不適格」の存在は、防災上の大きな課題の一つだ。

我が家はどうなの？

　現実に私たちが住んでいる住宅はどうだろうか。人が現に住んでいる建物では不具合が起きればその都度修理され、健全に維持されていることが期待される。ところが、家人の目に触れない不具合はどうだろうか。床下などで知らず知らずのうちに進行している腐朽や白アリの食害、もともとあった無理な設計に起因する弱点や施工上の不具合など、見た目にはわからない問題が隠されていることがある。それを明らかにするのが耐震診断だ。

耐震診断の実際

　耐震診断は、まず外観検査から始まる。建物の外壁にクラックがあるかどうか、基礎のコンクリートに割れ目が入っていないかなどをチェック。家の中では、間取りを確認するほか、壁の位置や量、壁の作り方を調べる。次にキッチンの床下収納を取り外してそこから床下にもぐり、床下部分の腐朽の具合や白アリの被害のありなしを調べる。さらに2階の押入れの天井板をはずして屋根裏に登り、雨漏りなどの傷みを調べると同時に、柱やスジカイの位置を確認する。こうした検査を経て、およそ2週間あとに検査報告書が送られてくる。添付されてくる床下や天井裏の写真なども大いに参考になる。

第2章 災害タイプ別　各論

　最上位の判定は、「地震に対してはまず大丈夫でしょう」といった表現だ。「まず」という含みのある表現が使われ、「絶対安全」などの断定表現はされない。診断結果は、安心して住み続けることができるかを考えるうえで一つの拠り所となる。
　私たちの身体は加齢とともに衰えてゆく。住宅にも経年劣化がある。ともに、同じ自然の摂理だ。「住宅の高齢化」にも目を向け、愛情深く接してゆこう。

家を新築するとき……
　免震装置を備えたビルでは、地震による被害がほとんどなかったことが明らかになっている。免震装置は、病院や区役所、銀行、マンション、商業ビルなどに利用が広がっているが、一般の住宅向けのものも少しずつ普及し始めている。勿論、それなりの建造費はかかる。家を新築するとき、「免震住宅」にするのも選択肢の一つだが、これを導入することができるのは固い地盤の上という制約がある。ここでも敷地選びが重要なポイントとなる。

第4 その他の災害

発生時刻が関与するものあり

　地震災害は実に多様な現れ方をする。よく知られているのは、①土砂災害、②建築災害だ。現れ方の全容をタイプ別に整然と分類することはできないが、大きなテーマとして浮かんでくるのは、ほかに、③室内転倒物・落下物災害、④屋外転倒物・落下物災害、ガラス災害などである。ここでは「屋外転倒物・落下物災害」、「ガラス災害等」について検討し、「室内転倒物・落下物災害」については次の第3章で触れる。

1 屋外転倒物・落下物

　まず、屋外転倒物（ブロック塀）災害の事例を検討しよう。1978年宮城県沖地震は「ブロック塀災害」と呼ばれている。科学技術庁（当時）が行った現地調査の報告[4]には、死者29人の死亡時の状況が記載されている。以下のとおり。

昭和53年10月　科学技術庁国立防災科学技術センター
・仙台市（女性6歳）ブロック塀の下敷き
・仙台市（男性7歳）ブロック塀の下敷き
・塩釜市（男性8歳）ブロック塀の下敷き
・七ヶ浜町（女性4歳）ブロック塀の下敷き
・泉市（男性7歳）ブロック塀の下敷き
・角田市（女性8歳）ブロック塀の下敷き
・仙台市（男性12歳）ブロック塀の下敷き
・仙台市（男性70歳）ブロック塀の下敷き
・仙台市（女性61歳）ブロック塀の下敷き
・泉市（女性80歳）ブロック塀の下敷き
・仙台市（女性74歳）自宅前ブロック塀の下敷き
・仙台市（女性72歳）自宅近くのブロック塀の下敷き
・仙台市（女性2歳）自宅前門柱の下敷き

4　「1978年宮城県沖地震による災害　現地調査報告」

第2章　災害タイプ別　各論

- 仙台市（女性69歳）自宅前門柱の下敷き
- 大河原町（女性70歳）自宅前の石碑の下敷き
- 白石市（男性9歳）近所の石碑の下敷き
- 仙台市（男性41歳）倉庫コンクリート塀の下敷き
- 仙台市（女性27歳）工場前門柱の下敷き
- 松島町（女性53歳）土産品店で家屋倒壊下敷き
- 松島町（女性53歳）土産品店で家屋倒壊下敷き
- 松島町（女性79歳）土産品店倒壊時重症、入院後死亡
- 矢本町（男性70歳）寺の本堂全壊下敷き
- 仙台市（男性50歳）建築現場で落下した瓦にあたった
- 秋保町（男性72歳）資材置き場でトタン1000枚の下敷き
- 仙台市（男性22歳）団地内マラソン中土砂崩れで死亡
- 宮城町（女性9歳）入浴中ショック死
- 陸前高田市（女性74歳）ショック死
- 仙台市（男性75歳）ショック死
- 村田町（女性76歳）地震直後ショック死

　死者29人中のじつに18人が、ブロック塀やコンクリート塀、門柱、石碑など、屋外構築物で亡くなっている。これほど多くの人がブロック塀等の倒壊で亡くなった例はほかにない。しかもそのうちの9人は12歳以下の子供だ。一体何がその背景にあったのだろうか。別の資料[5]の中に、子ども達の行動を調べたものがある。

　仙台市内にある2つの小学校では、作文の時間に地震の体験を書かせた。児童713人分の作文を読みとり、分析した結果は以下のとおり。

■そのときどこにいたか
　① 屋内（自宅内、友人宅、塾、歯科医院、店舗内など）➡ 65％
　② 屋外（自宅の庭、自宅の周り、校庭、路上、その他）➡ 32％
■そこで何をしていたか
　① （勉強、テレビ、マンガ、ゲーム、入浴など）
　② （自転車乗り、路上歩行中、野球、ドッジボール、ザリガニとりなど）

　児童のうちの32％が屋外で活発に活動していた。「野球」、「ドッジボール」、「ザリガニとり」などは自宅から離れた場所での行動と考えられるが、「自宅の周り」、「歩行中」、「自転車乗り」などは住宅地の中だった可能性もある、地震が起きた月曜日の夕方5時14分という時間は、ま

5　「'78宮城県沖地震②被害実体と住民対応」（仙台市発行）

第4　その他の災害

さにそういう時間帯であった。住宅地で倒れたブロック塀が、そこに居合わせた人を死傷させる結果となった。ブロック塀の倒壊による死亡事故は2005年福岡県西方沖の地震にも例がある。

自宅の敷地の外にある道路は公共スペースであり、不特定の人が通る。自宅のブロック塀やコンクリート塀、門柱などが外へ向かって倒れれば不特定の人を死傷させる恐れがある。公共スペースの安全性、屋外空間の耐震性は、沿道の私たち自身が主体的に向上させなければならない。

2　ガラス災害

1980年8月、JR静岡駅前にあるビルでガス爆発事故があり、238人が死傷する大惨事となった。現場は静岡市有数の繁華街で、歩行者天国がまもなく始まろうとする土曜日の午前10時前のことだった。爆風は複数棟のビルの窓ガラスを吹き飛ばした。分厚い大きな破片はまるで斧のように威厳をもって落下、無数の小さな破片はカミソリの歯のようにキラキラと舞いながら路上に降り積もった。ほとんどの負傷者がガラスによる傷を負っていた。空前のガラス災害だった。

一方、2005年福岡県西方沖地震では、福岡市中央区にある10階建てのビルから、地震の震動で割れた窓ガラスが雨のように路上に降り注いだが、日曜日のビジネス街に人はまばらでガラスによるけが人は少数にとどまったようだ。

地震の際に屋外空間がガラス災害の場になることはほとんどなかった。地震にともなうガラス災害は、じつは室内が現場となる。つまり、私たちの家の中で起きる事件なのだ。

これを未然に防ぐにはガラスにフィルムを張るなどのことが繰り返し言われてきたので、こうしたハード上の対策についてはここでは触れない。気になるのは私たちの行動面のことだ。

第1章・第5「2009年　駿河湾の地震」による受傷例をもう一度見よう。住宅被害（全半壊）ゼロであったにもかかわらず、この地震では312人の死傷者が出た。このうち、ガラスが関与したものは57件で、18％をしめる。負傷の原因としてはこれが最大。まずその数の多さに驚かされる。どういういきさつでケガをしたかをみると、

■「足にケガをした」が27件あり、このうち21件は「ガラスを踏んだ」ことが原因となっている。これは揺れている最中かその直後のことと思われる。「急に走り出す」という行為を不用意に始めると思いがけないケガをすることがある。足裏のケガはその後の避難能力や行動能力を大きく削いでしまう。

■手指のケガは15件あり、このうちの9件は後片付けをしているときの出来事だ。これは地震の揺れがおさまり、一段落してからの行為だが、中には救急車で搬送されたケースもある。地震を無事にのりきった後のケガ、これだけは何としても避けよう。手や足にケガをすると、

その後長期にわたる後片付けが難儀となる。負傷原因の中で最大のガラス災害。多発の背景には心的動揺があったことが想像される。

3 やけど

地震の発生に伴い、やけどによる事例が目立つものもある。

■2004年新潟県中越地震
東京消防庁が行った現地調査の速報[6]を見ると、その中に次のような記述がある。

　地震発生時間が18時頃であったため、夕食準備等で台所にいた人が多く、転倒した食器棚から散乱したガラス類を踏みつけ、受傷した例が多数あった。また、やけどの受傷事例も多く発生している。

■2005年福岡県西方沖地震
　この地震は日曜日の午前11時前に発生した。福岡市が発行した「福岡県西方沖地震記録誌」によると、福岡市中央区の百貨店で調理場の鍋が転倒し、熱湯に触れるなどして複数の負傷者が出たとある。

■2007年能登半島地震
　2007年能登半島地震では、記録のある133人中の27人、全体の20％がヤケドによるもの。なぜヤケドによる事故がこれほど高率で発生したのかは不明だが、地震発生が日曜日の午前9時41分であったことを考えると、多くの家庭で遅めの朝食をとっていたことが原因であるとも考えられる。

　このように、地震の発生時刻は災害の性格を大きく決定づけることがある。1978年宮城県沖地震の「ブロック塀災害」もそうだった。夕食時間が近いこともあり、戸外にいた子供たちの多くは自宅近くの路上で遊んでいたようだ。そして室内災害の大小もしかり。在宅時間帯に地震が起きればガラス災害が、調理や食事の時間帯であればヤケドが多発するなど、生活時間と災害タイプを関連づけて考察することも大事だ。その上で、室内空間の耐震化を工夫しておこう。

6　「速報　新潟県中越地震の負傷者実態と都民アンケート結果」東京消防庁

第3章

家財道具災害を科学する

室内での死傷事故の原因は、
家屋の倒壊による圧死だけでなく、
家具の転倒や落下物も大きく関与している。
物体の転倒や落下はどのような現象なのか、
そして、
どのようにして人体にダメージを与えるのだろうか。

第1 転倒・落下の科学

本棚が倒れやすいワケ

家具転倒の原理　本棚が倒れやすいワケ

　床を傾け続けると、上に置いた家具はいずれ倒れる。倒れ始めるタイミングを決定する要素は、家具の重心位置の高さと奥行きの長さ、この２つだ。重心から下ろした垂線が底辺の範囲内にとどまっている間は倒れないが、床の傾きがさらに増して垂線が底辺の範囲からはずれると家具は倒れる。

　いま仮に、高さ180センチ、奥行き60センチ、重心位置が中央にあるタンスをモデルに考えよう。

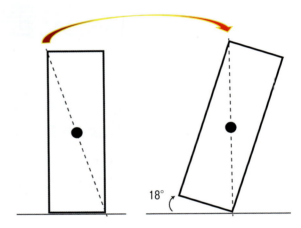

　重心位置を通って底辺の端に至る直線は、すなわち対角線だ。この対角線を動かし、鉛直にしたところまでタンスを傾ける。このとき、家具の底辺と床面との角度はおよそ18度。（三角比の値）この角度を超えるとタンスは倒れ始める。

　重心位置が低く、奥行きの長さがたっぷりあるズングリ形の家具は倒れにくい。反対に、背が高く、奥行きが小さい家具は、きわめて倒れやすい。家庭にある代表的な家具、タンス、食器棚、本棚の３点を並べて比較してみよう。

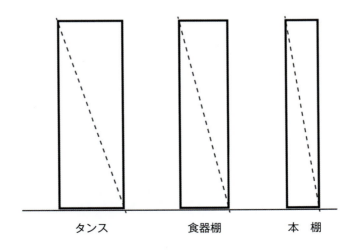

タンス　　　食器棚　　　本　棚

奥行きが比較的あるものはタンス（60センチ前後）、それより短いものは食器棚（45センチ前後）、奥行きが最短のものは本棚（30センチ前後）の順となる。仮に、3点とも同じ高さ（180センチ）、重心位置は真ん中にあると仮定しておよその値を計算すると、タンスは18度、食器棚は14度、本棚は、床をわずか9度傾けただけで倒れ始める。

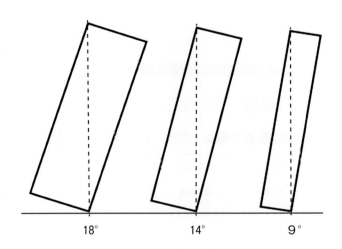

このように、本棚のような奥行きの短い家具は倒れやすい。地震の時に本棚が起因する死亡事故は、2008年岩手・宮城内陸地震、2009年駿河湾の地震などで発生している。

このほか、地震ではない平常時に本棚が倒れて負傷者が出る事故も起きている。消費者庁の発表[1]によれば、平成21年10月に札幌の古書店で本棚が倒れ、来店中だった小学生（女児）が胸などを挟まれ、一時意識不明の重体となったほか、平成12年から22年にかけて、同種の事故が11件起きている。

消費者庁では、本棚を設置するときは丈夫な床や壁に固定することを呼びかけているが、それを実行するかしないかは私たちに委ねられている。

阪神・淡路大震災の室内被害

阪神・淡路大震災のあと数多く発表された調査報告の中に、室内被害をまとめたものがある[2]。

調査は災害救助法適用地域で行われ、全壊家屋を除外して、「半壊」、「一部損壊」、「建物被害なし」の住居を対象に、家具の挙動や転倒の状況などを調べたもの。木造住宅、高層住宅の双方が含まれている。本棚、和ダンス、食器棚、整理ダンス、洋ダンス、ピアノの6種の家具

---

1 〔消安全第278号　平成22年12月1日　消費者庁消費者安全課〕
2 「阪神・淡路大震災　住宅内部被害調査報告書」（日本建築学会建築計画委員会）

第3章　家財道具災害を科学する

について、「遠くへ飛んだ」、「倒れた」、「移動で被害あり」、「動いただけ」、「被害なし」の5項目を調べている。

この中から、本棚、食器棚、和タンスの3点について見ると、本棚では、「遠くへ飛んだ」、「倒れた」があわせて53％、食器棚は36％、和ダンスは31％であった。やはり本棚の転倒率が突出している。

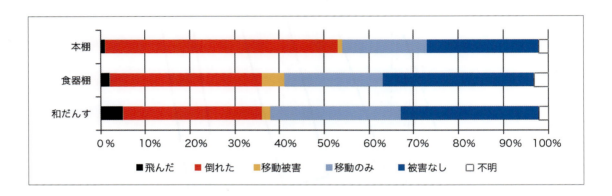

「食器棚」の「被害なし」が34％と、他の家具に比べてなぜか大きい。食器棚の中には、作り付けタイプなど、もともと固定されていたものがあり、これが有効に作用したのではないかと同報告書は推測している。

前項「家具転倒の原理」では、「床を徐々に傾ける」という、いわば静的な条件下で転倒開始のタイミングを測ったが、このデータを見ると、複雑に揺れる地震の際にも、この原則と家具転倒の傾向はよく一致することが確認できる。つまり、高さが似通った家具であれば、奥行きの長短や重心位置の高さが倒れやすさを大きく左右する。厳重に留めてあれば大きな効果を発揮し、留めてないものは深刻な事態を招来する。奥行きに乏しい本棚の危険性を、ここであらためて強調しておきたい。

落下物体は加速する

次に、落下物について検討しよう。引力にまかせてモノが自由に落下するとき、落下時間や落下距離が長くなればなるほど落下速度は増し続ける。加速度が加わるためだ。10メートルの高さから落ちた時の接地速度は時速50キロメートル、100メートルの高さから落ちれば時速159キロメートルに達する。

また、落下時間（つまり落下距離）が長くなればなるほど、何かにぶつかった時の破壊エネルギーは大きくなる。室内には、人に危害を加えそうな落下危険物が無数にあり、地震で揺れ始めると、それらはにわかに凶器と化す。わずか130グラムの単1型乾電池であっても、机の上の高さから落ちれば、床に置いたアクリルのCDケースを破壊するだけのエネルギーがあり、

より高い位置、例えばピアノの上やタンスの上から落ちた場合には、そのエネルギーは一層大きくなる。

東京都内で起きた室内落下物の災害

　東京都内でも過去に落下物災害が起きた事例がある。1980年10月4日の午後9時26分、東京は56年ぶりに震度5の揺れに見舞われた。このとき、都内北区に住んでいた70歳の男性は、落ちてきた木製のお盆が顔面にあたり、まぶたにけがをした。長方形のお盆は彫刻が施された鑑賞用のもので、タンスの上に立てかけてあった。男性はこの部屋に布団を敷き、タンスの側を枕にして、あおむけに寝ていた。こうしたいくつかの条件が重なり、被害に至った事例である。

　さらにこの地震では、大田区に住む7歳の女の子が、落ちてきたカメラで頭に全治1週間のけがをした。洋服ダンスの上には、いくつかの人形ケースが奥の壁際に押し込むように載せられ、8ミリカメラはその手前に置かれていた。たまたまこの夜だけこの下で寝ることになった女の子は、タンスの側を枕にして休んでいた。家人の話によると、カメラもこのときだけちょっと置いたもので、まさか地震でケガをするとは思わなかったということだ。

　この地震では、このほか……
- 三 鷹 市（生後6か月の男児）家庭でアイロンが落下して頭にけが
- 国分寺市（女性18歳）書店のスピーカーが落下して頭にけが
- 文 京 区（男性32歳）飲食店でスピーカーが落下し頭にけが
- 大 田 区（生後3か月の女児）人形ケースが落下して頭にけが

など、落下物災害の事例が報告されている。ケガのもとになったものは、お盆、カメラ、アイロン、スピーカー、人形ケースなど日ごろ慣れ親しんでいるものばかり。まさかこんなものがケガの原因になるとはと思えるものばかりだ。こうした行為は普段でもヒョイとやりがちだが、ひとたび激しい地震が起きれば、これらは落下したり空中を飛び交ったりし、悪条件が重なれば人を死傷させるに至る。室内にある落下危険物で最大のものは家具の上段であることも覚えておこう。

軽いものは動かしやすい　重いものは動かしにくい

　原理的にいえば、軽いものは動かしやすい。重いものは動かしにくい。これはニュートンが「慣性の法則」として呈示した原理である。言い換えれば、重いもの（質量が大きいもの）は、動かしにくさのエネルギーが大きいということもできる。

　こころみに、机の上に載せた200グラムのティッシュボックスを、指1本で押して落そうと思えば簡単にでき、消費カロリーもわずかで済む。ところが、本を詰め込んだ箱（重さ30キログラム）を手で押して移動させようとすれば、相当大きな力が必要となる。このような、重さの違いによる動かしやすさ・動かしにくさは、地震のあと、部屋の散乱状況で観察することが

第3章　家財道具災害を科学する

できる。
　重い家具は動かしにくく、震度4程度まではあまり動くことはない。（不安定な置き方をしたものは別だが）ところが、それを超える震度に見舞われると家具の動きは活発になる。タンスの上段が落下したときのことを想像してみよう。重さ数十キロのものが90センチの高さを落ちれば床には恐ろしい衝撃が加わる。そこに人がいれば重大な事故となるだろう。めったに動かない重い家具、しかし一旦動き出せば、そのときは大変なことになる。家具が猛然と人に襲い掛かることを忘れてはならない。
　家具の固定はなかなか進まない。世論調査の結果を見ると、家具にキズを付けることが固定をためらわせる理由の一つになっている。しかし、どんな高級な家具であっても、落下すれば、全体が歪んだり、カドがつぶれたりして粗大ゴミになる。もちろん人を死傷させることもある。

気象庁震度階の解説

　震度の違いによる物体の移動や転倒の現象は「気象庁震度階の解説」に示されている。家具の挙動については震度5弱から記述が始まっている。

震度5弱	固定していない家具が移動することがあり不安定なものは倒れることがある。
震度5強	固定していない家具が倒れることがある。
震度6弱	固定していない家具の大半が移動し、倒れるものもある。
震度6強	固定していない家具のほとんどが移動し、倒れるものが多くなる。
震度7	固定していない家具のほとんどが移動したり倒れたりし、飛ぶこともある。

留めておけばそれなりの効果

　家具を留めてないと、激しい揺れの最中に恐怖の体験をすることがある。1978年の宮城県沖地震のあと、仙台市内の住宅地で、「額縁が空中を飛んできた」、「ピアノが歩いて迫ってきた」、「二段積みの食器棚が『くの字、くの字』の往復運動を繰り返して、恐ろしい光景だった」など、キモを冷やした体験談をいくつか聞いた。さぞびっくりしたことだろう。
　それから33年後、東日本大震災のあと訪ねた宮城県南三陸町では、これとはやや異なる声を聞いた。例えば、「地震が心配だからと言って、埼玉にいる娘が来て、食器棚の扉に開放防止の金具を取り付けていってくれた」、「大型テレビを据え付けにきた家電屋さんが、テレビのうしろをワイヤで留めていった」など、事前対策が施されていた様子だ。
　南三陸町の佐藤道男さんは、家具固定を徹底していた。以下は佐藤さんの談話。
　「うちは家具を留めてあります。というのも、30年以内に99％の確立で宮城県沖地震が来るというので、家具には全部金具を付けていました。ですから、タンスやサイドボードは倒れず、全部そのままでした。ただその中で、コップなどは倒れていましたね」。

備えておけば恐怖の体験をすることなく、危険にさらされることもない。室内空間の安全性を格段に高めることができる。

第2 家具固定の基本原則

全方向に強い留め方をする

家具固定のポイント　全方向に強い留め方をする

　地震は上下・左右・前後に不規則に揺れる。地震計はこれら３つの揺れの成分を同時に記録する。記録された３軸の動きは、のちに起震台で忠実に再現することができる。

　こうした地震の揺れに対抗するためには、家具はどのように留めたらよいのだろうか。まず、「東西の揺れ」「南北の揺れ」「上下の揺れ」、これら３方向の、いずれの揺れに対しても十分に耐えられるだけの、しっかりした留め方をすることが大原則だ。地震は複雑な揺れ方をする。東西・南北・上下の動きが複雑に絡み合い、合成され、時にはひねるような動きや回転するような動きを伴うこともある。しかし、どんなに複雑な揺れ方も、揺れの成分を分解・整理すれば、東西・南北・上下の３成分に分けることができる。

家具固定の実際

　家具を固定するには、こうした激しい動きに耐えられるだけの、しっかりした留め方をしなければならない。確実な方法は、家具固定のツボを心得ている建築士や大工さんに依頼することだ。固定工事の経験が豊かでカンどころを熟知しているプロは、それなりのハウツーを持っている。

　もし、日曜大工の腕を利用してご自分でやろうという方は、次の諸点に留意しながらやることをお勧めする。

　まず、家具の背中を見よう。背板は薄い材質で作られていて、その中央付近に金具を取り付けることはできない。金具の取り付けは構造上丈夫なところに限られ、家具の場合は外箱の部分、４辺がそれにあたる。２段重ねの家具は、事前に上下をつないで一体化させておくことも欠かせない。

　次に、住宅の壁面にも構造上強いところと弱いところがある。薄い壁板にじかに留めたところで効果がない。ちょうど障子紙にネジを打ち込むようなものだ。壁板のうしろにある間柱や胴縁の位置を確かめ、そこと家具とを緊結することがポイントとなる。間柱は、ツーバイフォーの住宅では45センチ間隔で入っているが、その位置と、家具の側の金具の間隔が一致しないときは、壁に補強材（横板）を付けることも必要になる。横板は、茶色に塗り、壁の右端から左端まで通して取り付けると、見た目にもそう違和感はない。

十分なサイズの金物を使うこと

ところで、木ねじの長さはどれくらい必要になるのだろうか。補強材を使った場合、金具の厚みに加え、補強材の厚み、壁板の厚み、その奥の間柱のサイズまで計算に入れる必要がある。間柱の8割くらいまでネジを陥入させようとすると、合計は10センチ前後に達することもある。その長さの木ねじを使うとなると、L字金具の穴のサイズもそれに見合ったものとなるので、L字金具自体も必然的に大きくなる。L字金具と木ねじはセットで選ぶことになる。

L字金具の取り付け位置は、家具の上端に一対、そして下端またはそれに近いところにも一対取り付けること。金具の取り付け方向も吟味し、全体が、上下・左右・前後の揺れをきちんと受け止められるように配置しよう。参考までに、我が家では、床面にじかにL字金具をとりつけ、家具をその中にはめこんで固定する方法をとっている。

背の高い家具の場合、上端しか留めていないと、揺れているあいだに家具の底部が前にせり出してくることがある。こうなると、当然最上部の金具に大きな負担がかかり、効果は不安定になる。

災害現場を調査すると、固定してあったにもかかわらず倒れてしまった家具を散見する。いずれも留め方が不十分であったものだ。たとえば、2004年の新潟県中越地震では、「ボードに釘で留めただけのものはパラパラ外れた」という証言を、小千谷市内で被災した男性から得た。

さらに、2007年の能登半島地震では、石川県穴水町の民家で、居間に置いた茶箪笥の上段が転倒する被害があった。そばに座っていた家人をわずかにそれて倒れたため、幸い家人にけがはなかった。このとき、L字金具は、家具上段の上端に一対のみ付けられていた。金具のうち片方は転倒した家具についたまま鴨居から外れ、もう一方は鴨居に残されていた。

〔逆さまに仮置きされた茶箪笥と壁に残された右の金具　ネジの長さは1センチ　撮影　袋井市〕

よく調べると、厚さ1ミリ程度のアルミ製の金具は、茶箪笥の動きに引っ張られるようにネジ穴付近で曲がっている。地震の激しい揺れに耐えるだけの十分な強度がなく、力量不足であったことがわかる。さらに、使われていた木ねじも、長さはわずか10ミリしかなく、これでは木部への食い込みが足りないことも明らかだ。暴れる家具を押さえつけるには、それに見合った十分な強度の金具を使い、同時にネジ留めなどの施工もしっかり行うことが肝心だ。

第3 固定作業の実際

厳重に、そして美しく留める

家具固定作業をやってみました

次の写真は、我が家で実際に行った本棚を固定する作業の様子。

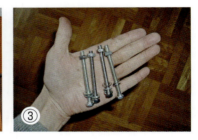

①本棚は上下2段積み。サイズは間口120cm、奥行き30cm、高さは180cm。さらにその上に高さ45cmの上置きがある。背が高くて奥行きに乏しい、極めて倒れやすい姿をしている。
②壁は薄い化粧板、本棚の背板も薄い。これら同士を結びつけても「固定」にはならない。
③ボルト4本を使って、まず上段と下段を接合して一体化した。

④壁に横向きに張る補強材。厚さ20mmの丈夫なものを所定の長さに切ったうえ、部屋の雰囲気に合わせて茶色に塗った。
⑤長い木ねじを使うことから、L字金具も、必然的に肉厚の大きなものになる。
⑥これは壁板の中にある間柱を検知するセンサー。探り当てたところに目印の画鋲を打ってゆく。

第3　固定作業の実際

⑦⑧⑨画鋲は間柱の位置のとおりタテ一列に並ぶので、補強材をあて、そこに木ねじを打って
ゆく。こうすることで補強材はカチカチに留まり、その上であればどこでも家具を固定する
ことができる。

⑩⑪⑫床にもL字金具を打ち、この上に本棚をはめ込んだ。あとは横と上端を留めてできあが
り。友人の建築士に言わせると、これはやりすぎという評価だが、こちらとしては「厳重に
留める」ということを実践したつもり。これで本棚本体が倒れることはまずないが、あとは
本の落下防止をどうするか、それが宿題として残った。

見た目に美しい留め方をしよう

　「美しく留める」ことをお勧めする。人が暮らす空間は、やはり美しくありたい。我が家で
は、家具単体の幅で補強材を取り付けるのではなく、部屋の右端から左端まで通して補強材を
取り付けた。こうすれば、家具の配置換えなどにも容易に対応できる。さらに、この「通し補
強材」の板に、部屋に合わせた色の塗料を塗ることで、部屋の雰囲気に溶け込ませた。一見、
もともとあった内装のようにも見え、「不細工」「目障り」という印象はなくなって家人にも好
評だ。見た目の美しさを求めて真鍮製の金具を使うなど、固定作業を楽しみながら進めた。

第4 家具製造業界からの提案

新築時が最良のチャンス

家具製造業界の盛衰

　日本国内の家具の生産・出荷額は、平成3年にピークとなったあとは、長期の低落傾向が続いている。その背景には、経済成長率の鈍化やマイナス成長、住宅着工数の伸び悩み、少子化など、マクロの原因もあるが、より具体的には、海外からの輸入家具の増大や作り付け家具の普及などが理由として挙げられている。

　このうち、「作り付け家具」とは、ハウスメーカーなどが、住宅新築時に、住宅と一体のものとして、初めから造り込んでしまうものを指す。ウォークインクローゼットの中に組み込まれた収納家具や、居室内に作り付けられたタンスなど、タイプは様々だ。建物と完全に一体化しているため、これらは、大きな地震時にも倒れることはなく、これによって、室内の安全性は飛躍的に向上した。こうした動きに危機感を持ったのが家具製造業界だ。

家具製造業界からの提案

　静岡県は、福岡県や愛知県などと並ぶ全国有数の家具生産県であり、家具業界の浮沈は、そのまま地域経済の元気の度合いに直結する。静岡県内の家具生産額も、全国同様平成3年に最大値をつけたあと下降に転じた。危機感を覚えた静岡県家具工業組合では、その打開策として、「据え付け家具」という新しい方式を打ち出した。「据え付け家具」とは、ハウスメーカーによる「作り付け家具」と同様、住宅本体の構造部分にきちんと固定してしまう方式のことで、その骨子は以下の通り。

　住宅を新築する時に、発注者は、まず家具店の店頭で必要な家具を選ぶ。店頭には、低価格帯の普及品から値の張る高級品まで、さまざまなタイプの家具があるが、その中から好みのものを選び、建築請負業者に立て替え払いを依頼、住宅設計図の中にそれらを組み込んで、建築プラン全体をまとめるというものだ。キッチンセットや洗面化粧台、バスタブなどは従来からこの方式であったが、家具も同列に扱おうという発想だ。

　標準的な固定方法については、㈳全国家具工業連合会（当時）が次ページのような方式を開発した。静岡県家具工業組合では、この方式を住宅金融公庫（当時）の融資制度の中に組み込んでもらおうと、平成5年に当時の建設省に陳情を行い、翌平成6年には公庫融資の中に静岡県内限定の「地域割増融資」として導入された。地域限定型割増として始まったこの制度は、その後対象地域が隣県などに順次拡大され、数年後には発展的解消、つまり全国どこでも割増融資を受けられることになった。留め方を標準化し、融資制度をセットで実現した「据え付け

家具」は、静岡県の家具業界が放ったヒットである。

固定方法の標準

業界団体がまとめたマニュアル[3]には、住宅本体への家具の固定方法が、次のように図解入りで示されている。この固定方法の良いところは、①しっかり留まる　②美しく留まる　ということだ。

いかにも「仮留めしました」という不細工な留め方ではなく、造りつけ家具と同様の美しい仕上がりになるところがミソ。

(1)　天井への固定方法

●木造住宅の場合の例

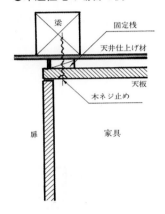

●ＲＣ造の場合の例(1)

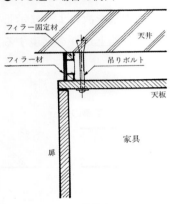

(2)　壁への固定方法

●側壁との固定の例

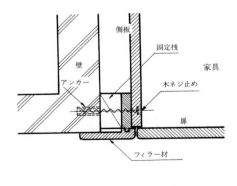

●木造壁との固定の例（壁仕上げ前に取り付けた場合）

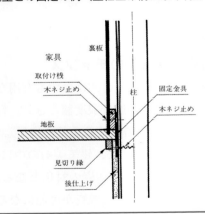

3　「据え付け家具・マニュアル（平成6年版）」（監修・住宅金融公庫（現在は、独立行政法人住宅金融支援機構）　発行・社団法人全国家具工業連合会（現在は、一般社団法人日本家具産業振興会））

第3章　家財道具災害を科学する

(3)　床への固定方法

●木造床との固定の例
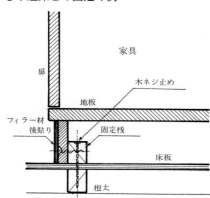

●ＲＣ造床との固定の例
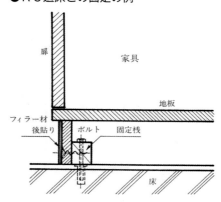

　さらに、仕上げ工事の方法を次のように示している。この留め方であれば、目障りな金物が露出することなく、美しい仕上がりを実現することができる。

(4)　仕上げ工事

●天井との隙間のフィラー工事の例
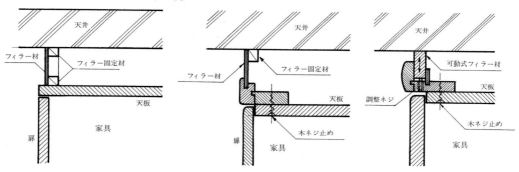

住宅新築時が最善のチャンス

　この据え付け家具の方式は今でも有用な手段である。一般に、住宅を新築する場合は、事業費の最高8割までが融資限度額とされ、残りの2割は自己資金として用意しなければならない。例えば、1,800万円の建築請負契約に対しては、1,440万円が融資限度となる。一方、これに、家具代金200万円を加え、建築契約の中に組み込めば、事業費の総額は2,000万円となり、最高1,600万円までの金額が融資の対象となる。住宅ローンを扱う金融機関に尋ねると、契約を1本化することでこうした融資が可能になるということだ。こうした方式は、もっと活用されてもよいだろう。住宅新築時が、家具固定の最善のチャンスだ。

第4章

防災の本質は
「災害の未然防止」にあり

「防災」とは災害の未然防止のこと。
いつ大地震が起きても死なない、ケガをしない、
それを実現する環境を整えておくことだ。

第1 空間の耐震化が真の目標

人は空間の中で生きている

目標は「空間の耐震化」

　私たちが生存・生活している「場」は実は空間の中だ。部屋が形作る室内空間、ビルや建物が形作る屋外空間、その空間の中で、私たちは空気を押しのけて自由に動き回ることができる。突然の地震によってこの活動空間の中に建物が倒れかかったり、天井板や柱材、タンス、食器棚、重量落下物などが飛び込んでくると、人は死んだり傷ついたりする。

　これまで扱ってきた事柄、例えば「新幹線の橋脚補強」、「ビルや住宅の耐震補強」、「家財道具の固定」、「落下物防止対策」、「崖への擁壁工事」などは、一見、関連性の薄いバラバラのテーマに見えるが、じつは共通して同じことを論じている。それは、身の回りにあるあらゆる構築物の耐震性を高めておくということだ。地震は大地が激しく揺れる物理現象であり、身を守るためには、人間を取り巻く環境を「物理的に強くしておく」こと以外に方法はない。本書でしばしば使う「家具を留める」という表現には、上記のすべてを含めて考えるというのが筆者の立場だ。つまり、「家具を留める」という一見素朴な表現の中に、「商店でいえば、商品棚の落下防止」、「レストランではスピーカーや額縁の落下防止措置」、「倉庫での荷崩れ防止」、「病院では、ＣＴやＸ線撮影装置の転倒防止」、「工場では生産設備の移動、転倒防止」、「オフィスでは、ロッカーや事務機の固定」など、あらゆる行為を指す。言い換えれば「家具固定」という言葉の中に、建物の耐震性の向上を含め、「私たちの活動空間を総合的に丈夫にしておく」という幅広い意味が含まれていると考えていただきたい。このことを、グラフを使ってさらに詳しく検討してみよう。（ここから先は抽象的な議論が続くがご容赦ください。）

耐震性のレベルをグラフで表す

　空間の耐震性という概念をグラフで表して見よう。

〔グラフ１〕　縦の線分ＡＢと、そこに記した＋３から－３までの数値は耐震性のグレードを表す。一番上の「＋３」は耐震性に優れた安全なレベル。例えば、平坦な固い地盤の上に建てられた築年数の浅い住宅で、重量物の収納や家具固定など、内部も含め、空間の耐震性が十分に図られた環境をいう。一番下の「－３」は最も危険なレベル。例えば、崖の直上や真下に立つ家、極度に老朽化した住宅、津波の想定浸水域にある家などだ。

〔グラフ２〕　地震による直撃被害を防止・軽減するためには、急傾斜の崖にコンクリートの擁壁を築き、住宅の耐震補強を実施するなど、事前に耐震レベルを引き上げておく

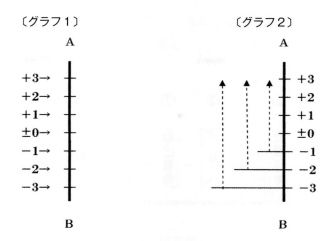

必要があることは言うまでもない。（ただし、津波の想定浸水域にある住宅では、全く異なる発想が必要となる。）

防災の概念

「防災」とは災害の未然防止のこと。つまり、いつ大地震が起きても死なない、ケガをしないということ。それを実現するためには自分が帰属する環境を物理的に丈夫にしておくこと、これが大原則だ。

「防災」という用語の意義を、「災害対策基本法」では次のように示している。

■災害対策基本法第二条

　「この法律において、次の各号に掲げる用語の意義は、それぞれ当該各号に定めるところによる。」

■災害対策基本法第二条　第二号　「防災」

　「災害を未然に防止し、災害が発生した場合における被害の拡大を防ぎ、及び災害の復旧を図ることをいう。」

この法律では、「防災」とは、第一に「災害の未然防止」、第二に「被害の拡大防止」、第三に「災害の復旧」を掲げている。防災の第一義はあくまでも災害の未然防止である。言い換えれば、「防災対策（災害の未然防止策）」イコール「生活空間の事前の耐震化」である。

時間軸の上で考える「防災」

このことを、今度は時間軸を使って考えてみよう。物事はどんな順序で起きるのだろうか。地震が発生した瞬間を出発点に、その後に続く事態の展開を、時間軸の流れに沿って順に並べてみると、物事は、おおむね次のようなイメージで展開する。

地震が発生すると、まず、ケガの有無の確認、家の外への退避、被害状況の点検などから始

第4章　防災の本質は「災害の未然防止」にあり

まって、救出、救命、初期消火、避難、非常食、避難所生活、自宅内外の片づけ、粗大ごみの廃棄、住まいの再建、町の復興などが続く。横線グラフで表すと次のようになる。

〔グラフ3〕

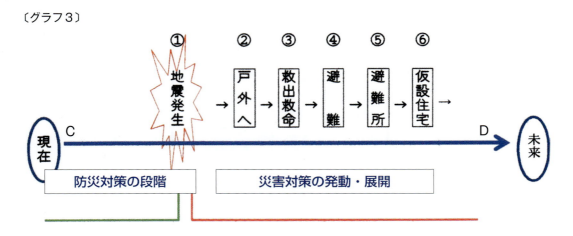

線分CDのCは現在、Dは未来、時間は矢印のように経過する。
①　この時間軸の中で、いつの日か地震が起きる。
②　は自宅からの脱出退避。
③　建物の下敷きになった人などの救出・救命。
④　津波や市街地大火からの組織的避難。
⑤　避難所での生活が始まる　……

　災害対策基本法にある防災の定義をそのまま素直に解釈し、横線グラフで表現すると、「防災」（災害の未然防止）とは、「C現在」から「①地震の発生」までのフェイズであると考えられる。

　一方、①以降の部分、つまり地震発生と同時に被害が出れば、即刻「災害対応」つまり災害対策の発動段階に入る。現実に災害が発生しているわけだから、「災害対策の発動期」であり、もはや「防災」の段階ではない。消防車や救急車の本格活動、自衛隊の出動などが展開される。個人のレベルでも、自宅からの退避、全壊家屋からの救出・救命、初期消火や避難など、命をつなぐためのあらゆる行動をとることになる。

　防災という言葉は、一般には上のグラフにある防災対策と災害対応のすべてを含む意味で使われている。長年親しみ、耳慣れた言葉である。それはそれとして、本書ではこれをやや異なる視点からとらえ直してみよう。「防災とは災害の未然防止のこと」とする災害対策基本法の概念規定を字義通りに解釈し、防災とは、「現在から発災までの間の事柄」として考えてみよう。この間にどれくらいの事前対策（防災対策）が整えられていたかについては地震発生と同時に明らかになる。死者〇人、全壊家屋〇棟という被害データは、言い換えれば、事前対策に対する評価であり成績表である。

168

第一段階の「防災対策」と第二段階の「災害対応」を、このようにはっきり分けてしまうのはいささか乱暴に思えるかもしれないが、焦点を絞り、明確に議論を進めるために、時間軸を使ったこうした思考法は大変有効であるので、ぜひ慣れていただきたい。家庭内対策にしても事業所内対策にしても、為すべきことは実に多岐にわたる。その全体を整理して把握し、必要な事前対策を明確にする上で、このような区分は極めて有効である。

　この第二フェイズ（発生した災害への対応）は、国や自治体の基本業務であり、多くの啓発文書が発行され、またこれを扱った書籍もたくさん出ているので、本書では扱わない。本書がテーマとしているのは第一フェイズ（未然防止）の部分である。

「災害対策」は国や自治体の基幹業務

　第二フェイズの「災害対策」は、国や自治体の基幹的な業務の一つであり、災害対策基本法をはじめ、消防法など様々な法律に定めがある。また、それを実行するための常設機関、消防や警察組織もあり、24時間休みなく出動態勢が整えられている。ひとたび災害が起きれば、消防や警察、自衛隊など常設専門機関の本格的な出番となる。一方で、大規模な災害が発生したときは、こうした専門機関だけですべてに迅速に対応することは難しい。そのために民間の自主防災組織なども地域ごとに作られていて、訓練を通じ、いざという時に備えている。

　私たち個人は、ひとたび災害の渦中に放り込まれてしまえば、独力でそこから抜け出すことはむずかしい。これら災害対応組織によるレスキューや自主防による救出活動は、私たちにとって最後の命綱となることがあるだけに、その重要性は計り知れない。同時に、消防や警察などの到着前に近所同士で救助しあうことは、阪神大震災をはじめ東日本大震災でも広く行われてきた。人間が持つ最もヒューマンな面の現れである。大災害が起きるたびに多くの人がとっさの救出活動にあたる行為は海外にも広く伝えられ、日本人が持つ国民性のすばらしさとして語られている。

平常時にしかできない防災対策

　「防災対策」つまり「私たちの活動空間を物理的に丈夫にし、災害が起きても生存空間が保てるようにしておく」対策は、平常時にしか実行できないことである。その後地震が来るかどうかは別問題であり、十分な防災対策をとったうえで、そのまま数十年間地震が来なければまことに幸いなことだ。

　国や自治体が担う災害（サイガイ）対策と異なり、防災（ボウサイ）対策は、基本的には、一般の私たち（事業所も含め）が自ら工夫しながら作っておくものだ。家庭では家屋や室内空間の耐震化であり、企業や組織であれば、従業員や来訪者の身の安全を保持する環境を整えておくことである。

　具体的にいえば、家庭では、住宅の耐震化と家具の厳重固定。公共施設や商業施設などのビ

第4章　防災の本質は「災害の未然防止」にあり

ルでは、建物本体の耐震化に加え、天井材や壁材など、二次部材の落下防止、ロッカーやショウケースなどの転倒防止策を講じておくこと。鉄道施設は列車という移動体をかかえているので、これを含めた安全策を作るという難しさがある。いずれにしても、勤務中の職員や従業員、来訪者や来店客、利用者からケガ人を出さないこと。これが防災だ。病院など医療機関では、建物内外の耐震化はもちろんのこと、大型医療器具や検査機器の転倒防止、薬剤棚からの散乱防止、パソコンの落下防止、カルテ庫のカルテ散乱防止などが考えられる。カルテは床に散乱してしまうと泥靴などに踏まれ、汚損が激しくなる。後々の復旧作業で大変な手間がかかることになる。さらに、震災直後も医療活動を継続できるように、電力や水、通信機能、熱源などの途絶を防ぐ対策が必要となる。繰り返すが、こうした対策を整えることは平常時にしかできないことである。

時間軸と空間軸を組み合わせて考える

　次に、時間軸と空間軸を使い、移動に要する時間と空間の安全性をセットで考えてみよう。タテ軸ＡＢは空間の耐震性レベルを表す。真ん中のＣは平均的な耐震レベルを表し、＋３は高い耐震性を、－３は耐震性に劣り、危険なレベルを表す。ヨコ軸ＣＤは時間の経過を表す。この二次元座標軸の上に人の動きを加えてみよう。危険な空間（－３）から離れて、安全な空間へ移動する動線を斜線で示す。これは原理的なグラフであり、実際はもっと複雑になる。

　地震発生と同時に猛然とダッシュする人の意識は、このように、直線的に安全空間を目指そうとしているのではないだろうか。

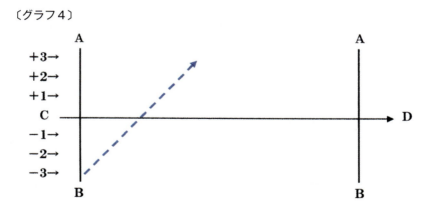

〔グラフ４〕

　ところが実際にはどうだろうか。例えば、居間のソファーから立ちあがり、廊下を走り抜け、キッチンまで行く。椅子をどけてテーブルの下にもぐりこむ。ここまでの動作を動線グラフで表してみよう。廊下は散乱物でいっぱい、キッチンではすでに食器棚が倒れているなど、動線上にさまざまな危険因子があれば、グラフは次のようになる。

〔グラフ5〕

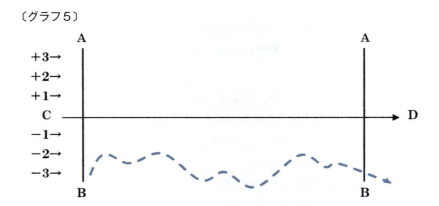

　実際は、直線的に安全空間に到達することはできない。家を飛び出して隣の空き地に避難する場合も、屋根瓦の落下やブロック塀の倒壊などを考慮すると同じような動線グラフになるだろう。

　時間軸と空間軸を組み合わせる思考法は、危険な環境からのとっさの脱出や避難など、移動を伴う行動の安全を考える上でとても便利なので、どうぞ慣れていただきたい。

最初の一瞬で決着がつく

　地震の犠牲者となるかならないかは最初の一瞬で決着が着いてしまう。防災対策上の最重要事項は、地震発生の瞬間をどう無事に乗り切るかということだ。大地震が起きれば沿岸部の地域では津波に備えて直ちに行動を起こさなければならない。しかし、もし地震時に家具の下敷きになって身動きができなくなれば独力で脱出することはできず、そのまま津波に持って行かれてしまうだろう。地域を守る世話役が被災すれば、避難誘導などの社会的役割も果たせなくなる。用意した避難袋も非常食も、亡くなった本人にとってはもはや無用の長物となる。

　会社や組織がどんなに立派な災害対策計画を作ってあっても、経営者や従業員やその家族が地震と同時に命を失ってしまえば出社することができず、計画は「絵に描いた餅」に終わってしまう。ガソリンスタンドの経営者や従業員が被災すれば開店できず、緊急車両への給油もできなくなる。地震発生の瞬間をどう無事に乗り切るか、そこに手立てを講じておくことが、防災対策の最重要課題であり、出発点でもある。これを欠いた対策は、本番で機能しない恐れがある。

逆転の発想「津波避難タワー」

　家の内外にわたり、空間の耐震性を高めておくことは必須のことであるが、津波災害だけは別の発想が必要となる。どんなに丈夫な建物を作っても、津波浸水予想区域にある住宅は被害を免れることは難しい。津波に対しては「即刻避難」など全く別の対処法を考えなければなら

第4章　防災の本質は「災害の未然防止」にあり

ない。
　警戒しなければならないことは、津波の到達時間が意外に早いケースがあることだ。静岡県の資料[1]によると、マグニチュード9程度の南海トラフ巨大地震が起きたときの津波到達時間を次のように想定している。
　焼津市と静岡市清水区では、地震発生の2分後に海面上昇が50センチを越え、その1分あとには3メートルに達するとしている。こうなると、沿岸部にある住宅では、条件によっては、すぐ避難行動を起こしても間に合わないことが考えられる。どんなに急いでも指定の緊急避難場所にたどり着けない事態が起きかねない。
　こうした絶体絶命状態の解消策として建設が進められているのが「津波避難タワー」である。これは、とっさに身を寄せる安全空間を家の近くに作ってしまおうという「逆転の発想」だ。

（点線で示した赤い斜線は避難行動を表す。）

　津波避難タワーは静岡県内の沿岸部でも建設が進んでいる。駿河湾に面した吉田町（人口およそ3万）は沿岸部の平坦地に町の中心があり、ここに漁港や水産加工場、町役場、住宅地などがある。町が作った津波ハザードマップによると、最大9mの津波により、市域のおよそ41％が被害を受ける。ここには人口の55％が住んでいて、津波対策は、この町にとって待ったなしの重要課題だ。町では津波避難タワーの建設を急ぎ、津波浸水予想区域の全域に15基を配置した。
　通常の「独立タワー型」のほかに、町では、ユニークな道路をまたぐ形の「歩道橋型」のタイプも作った。用地買収の経費が限られていて、15基中の6基がこの方式で作られている。

1　「第4次地震被害想定・第1次報告」平成25年　静岡県

第1　空間の耐震化が真の目標

〔歩道橋型の津波避難タワーと上部デッキ〕

　上の写真はその一つ。これは県道をまたいで作られた歩道橋型の避難タワー。海からの距離は800m、デッキの高さは海抜9.6m、面積は628㎡あり、1200人が利用できる。

　身近なところにできた津波避難タワー。これがいざというときにきちんと機能するかどうかを考えておこう。例えば地域にはいくつかの課題があるはずである。自力歩行が難しい高齢者などを、誰が、どういう手段で誘導するかということもその一つ。さらに、自宅からタワーに至る避難通路上に、地震による転倒物や散乱物があれば、最短時間で到着することは難しくなる。行動線上に散乱、転倒の恐れがあるものは撤去するなど、事前処置は当然やっておかなければならない。

　筆者が心配することは、地震に伴い、家の中で家具が転倒し、ものが散乱してしまうことだ。玄関到達までの間は障害物レースのようになる。さらに、玄関ドアがゆがんで開かなくなっていることもある。建物内に閉じ込めになるケースは実に多い。こうしたことによるロスタイムは生死を分ける分岐点となるかも知れないのだ。せっかくできた津波避難タワーを有効に機能させるために、こうしたことにも目を配っておこう。

第2 安全空間・生存空間を作る

救急・医療への過剰な負担は減らせる

身の回りに安全空間はありますか

　ここまで抽象的な議論が続いたが、ここからは、私たちの日常活動の場に視点を移し、具体的な問題として考えよう。例えば、「グラッときたら机の下へ」ということがしきりに唱えられているが、果たしてこのスローガンに頼り切ることができるものかどうか、あらためて考える。

　現に机に向かっているときに地震が起きれば、そのまま机の下に身を沈めることができるかも知れない。9月に行われる「防災訓練」では、執務中の役所内部で大勢の職員が一斉に机の下にもぐる……、そんな訓練風景がテレビでよく放映される。机の下にもぐるのは、現に机に向かっているときは容易にできることだ。

　このことで思い出されるのは松代群発地震のときの住民行動だ。松代群発地震は長野県松代町（現長野市松代町）を中心とするエリアで1965年（昭和40年）8月に始まった。主要活動期は5年あまり続き、地震の総回数は70万回を越えた。地すべりなどで住宅に被害が出たが、死者はなかった。群発地震が始まった当初の2年間は、震度5の揺れも出現するなど活動が活発で、多くの人が不安定な精神状態に陥ったようだ。3年目からは、地震活動は次第に沈静化の傾向をたどり、5年後には自治体の災害対策本部も廃止となったが、無感地震はその後も長く続いた。

　当時、松代で高校生活を送り、この群発地震を経験した職場の元同僚からこんな話を聞いたことがある。授業中にも地震が頻発したが、そのつど、生徒たちはするりと身をかわして机の下に入った。地震がおさまればまた座り直し、何事もなかったかのように授業を続けたという話だ。同じ動作を一日に何回も繰り返すことによって動作が確実になり、スムーズになっていったことだろう。このような場面では、机の下に入ることが容易であるし、最適の行動と云えるだろう。

　一般家庭の場合はどうだろうか。例えば居間のソファーに座ってテレビを観ているときに突然揺れ始めたらどうなるかを想像してみよう。テーブルの下にもぐろうとすれば、居間を出て廊下を走り抜け、キッチンまで行かなくてはならない。家具の配置によっては廊下がひどい散乱状態になることがある。そのような状況で無理やり走り出せば大きな危険を冒すことにもなる。転倒する家具や落下物に途中で襲われるかもしれないからだ。ましてや、年配者など体を敏捷に動かせない人にとっても「地震→即→机の下」はむずかしい注文だ。

　そもそも、揺れが激しい最中は身動きができない。動転して無理に行動を起こせば、そのま

ま「自爆型自損事故」につながりかねないことは、第1章第5の「2009年駿河湾の地震」の被害分析で見たとおりだ。机やテーブルのない部屋で地震が始まってしまえば、その場で身構えるしかないのだ。

一方、運よくキッチンにいるときはどうだろうか。とっさにテーブルの下に飛び込もうと思っても、椅子が回りをかためていれば、即座にもぐれる状態ではない。まず椅子をどけてからということになる。テーブルの下に首尾よく入れたとしても、今度は、地震の揺れでたくさんの割れた食器がなだれ込んでくるかもしれない。最悪のケースは食器棚が倒れたり、鍋釜や電子レンジなどが降り積もったりして、テーブルの下に閉じ込められてしまうことだ。こうなると自力では脱出できず、津波避難などもできなくなる。家の中で生存空間といえばテーブルの下しかないこと自体とても恐いことだ。

キッチンの散乱状況について、これまで紹介した写真をもう一度みてみよう。

食器棚は、家具のなかでも倒れやすい部類に入るし、たくさんの重い食器もかかえている。食器は落下すれば割れて、鋭利な刃物のようになる。テーブルと食器棚が比較的近い位置関係にあることを考えれば、テーブルの下は必ずしも安全な空間とはいえない。

根本的な解決策はある

「テーブルの下」「机の下」も無条件で安全であるとは言い切れないとすると、さて、どうしたらよいだろうか。根本的な解決策はないものだろうか。

根本的な解決策は、じつはある。それは「家具を厳重に留めておく」ということだ。繰り返し述べてきたことだが、家具を留めることで、家の中全体を「机の下」と同じ安全な空間にすることができるだろう。食器棚の固定など条件整備をやっておけば、テーブルの下の安全性は大きく向上するし、その上でとっさにここに身を寄せることが出来れば、一層安全に地震をやり過ごすこともできるだろう。

机の下が推奨されているのは、ここが安全空間、生存空間と認識されているからだ。それに

第4章　防災の本質は「災害の未然防止」にあり

代えて、部屋全体を安全空間に作り替えることをぜひ実行しよう。まず、住宅の耐震診断を受け、問題があれば補強をしておく。同時に家具を固定すること。この2つはどちらも必須のことだ。自宅内の空間の耐震性について確信を持つことができれば、突然の揺れに対しても落ちついて行動することができるかもしれない。

社宅の耐震化は経営上の課題

石油コンビナートや危険物の大量取扱所には防災対策を作っておくことが義務付けられている。電力、ガスなどの公益事業体や大規模集客施設などにもそれぞれの計画がある。

このような「組織体の計画」の中で案外見落とされているのが、「経営者や従業員の自宅の安全性」の問題だ。これがなければ、いざというときに出社が難しくなり、せっかく用意した災害対策が絵に描いた餅におわる。経営者や従業員個々の自宅の耐震性についてもチェックしておこう。

さらに、社宅や官舎の場合は、提供する事業体側がきちんと耐震化の手を打つ必要がある。次の写真は2004年新潟県中越地震のときに医師用住宅が全壊した様子を撮ったもの。ここに住む医師夫妻は、子どもを連れてちょうど外出先から戻ったところで家の前で地震に遭い、事なきを得た。社宅や官舎内外の耐震化は経営上の課題の一つだ。もちろん、オフィス内外の耐震化も同じ。

〔撮影　公益財団法人小千谷総合病院〕

オフィス内部の被災例

大地震が起きると事務所の内部も風景が一変する。2007年能登半島地震では石川県輪島市の門前町に被害が集中した。写真は輪島市役所門前支所の2階内部の様子。これまで見てきた家庭内災害と同じような光景が展開されている。スチール製のキャビネットやロッカーが倒れ、机も傾いている。地震発生は日曜日の午前9時41分であったので、幸いこの部屋には人はいな

第2　安全空間・生存空間を作る

かった。

〔輪島市役所門前支所2階〕

　同じ町内にある門前郵便局。中央に見える白いスチール製のロッカーが地震と同時に水平に90度回転、床に大きな擦り傷を残した。このロッカーは事前に金具で上部2か所を留めてあった。その片方が効いて転倒を免れた。固定すればやはり転倒防止の効果がある。

〔輪島市門前郵便局内部〕

　職場環境の耐震化は事業を継続する上で不可欠のこと。これを怠ると、事業所全体が地震のあと機能マヒに陥ることがある。地震のあとはどの事業所も業務量が格段にふくれあがり、とにかく忙しいのだ。全員泊まり込みで仕事にあたり、被災した自宅に帰るゆとりがない職場もある。一方で倒れたロッカーや傾いた机を引き起こす人手は全くない。傾いた机の上で書類を書き、ロッカーを踏み越えて出入りする状況が何日も続くことになる。職場内外の耐震化をきちんとやっておこう。

第4章　防災の本質は「災害の未然防止」にあり

我が家に帰れば一市民

　大地震が起きると、地域社会の中で多くの人が被災者となる。避難所生活を送る人の中には社会のあらゆる層の人が含まれている。次の表は、熊本市の東消防署が、自宅の被害状況について、職員105人を対象に行った調査の結果である。

全　　壊	1.9%
半　　壊	10.5%
一部損壊	22.9%
被害なし	64.8%

　このうち、83.8％の職員は地震のあとも自宅で寝泊まりができているが、自宅に住めなくなった人が10.5％いる。この調査を見れば、どのような職業を持つ人であっても、仕事を終わって自宅に戻れば一市民であることに気付かされる。このことをあらためて考えよう。
　経営者も企業人も家庭人も、自宅が被災すれば避難所のごやっかいになる。経営者として、企業人として、そして家庭人として、それぞれのテリトリーの安全性にあらためて目を向け、職場と家庭双方の耐震性を高めておこう。防災の理念は災害の未然防止であり、死傷者を出さないことだ。耐震性の高い環境を作ることは、私たち一人一人の主体性に委ねられている。

安全空間・生存空間を作っておく

　国民全体の在宅平均時間[2]は15時間5分で、これは人生の総時間数の63％にあたる。自宅内外の耐震化をきちんと行い、死傷事故を未然に防ごう。
　固い地盤の上に建てられた新しい住宅の場合は、建物が崩壊して中にいる人を死傷させることはまずないと考えられるが、この場合でも、家具の固定など室内対策を欠かすことはできない。地震発生と同時に多数の家具が倒れ、ガラスが散乱するなどの室内被害は、新築住宅でも起きる。高い建築費をかけて丈夫な家を作っても、室内対策を同時にやっておかないと所期の安全性は確保できない。加えて、地震と同時に停電となることがあり、夜の場合は、室内が散乱すると身動きができなくなる恐れがある。丈夫な家を作ること、家具を固定すること、こうすることによって室内に安全空間を作ることができる。
　多数の住宅が大破するのは主として震度7と震度6強のとき。このときは、老朽化など問題を抱えた住宅は大破する恐れがある。これを防ごうと思えば建物の耐震診断を受け、問題があれば耐震補強工事を行うことだ。耐震診断を受けた上で耐震改修を行うときは、県によっては補助金を受けられることもある。建物の耐震化は生存空間を確保し、生き残りへの確実なパスポートとなるだろう。

2　国民生活時間調査2015（NHK放送文化研究所）

ところで、工事の規模によっては経費がかさみ、すぐには実行できない場合もあるだろう。そのときは家屋全体の耐震化工事に代えて、建物の一部分だけ耐震化する工法もいくつか開発されている。例えば家をはさむように両側に金属製の柱を立て、それに梁を直結させて梁や天井の落下を防ごうといったアイデアなどがある。導入するときは建築士とよく相談して、どの程度の生存空間が確保できるのかを確かめる必要がある。

家の中に、木造の「シェルター部屋」を作るやり方も開発され、すでに市販されている。これは、丈夫な材料を使った箱形のもので、部屋のサイズより一回り小さく作り、そのまま部屋の中に据え付けるというもの。中にはベッドを2台置くことができる。

さらに、シェルターの役割を果たすベッド（耐震ベッド）も作られている。これは丈夫なフレームでベッド全体を守り、寝ていても生存空間が保たれる構造になっている。

木質耐震シェルターと防災ベッドは開発者による衝撃テストも行われ、一定の堅牢性が確認できているようだ。これらは静岡県地震防災センター（静岡市葵区）に実物展示されている。

家屋全体の耐震化工事が行えない場合、こうしたものを導入する方法もある。ただし、「閉じ込めにあわないか」、「脱出ルートはあるか」などのことをあわせて考える必要がある。いずれにしても家の中に確かな生存空間を作っておくことが生存を確保する道である。

脱出ルートを確保しよう

もう一つ、家からの脱出ルートの確保も大事だ。地震時に建物内で閉じ込めにあうという事例は大変多い。その後自力で、または外からの助けで出られればよいが、脱出できなければ消防署へレスキューを要請することになる。その件数たるや地震直後は激増する。場合によっては、閉じ込められたまま、暗闇の中で恐怖と闘いながら長時間待たなければならないこともある。こうした事態は何としても避けたい。玄関の靴箱を固定しておくなど、考えられる手立てを打っておこう。（我が家では、玄関ドアが開かなくなったときに備え、ハンマーやバールを玄関脇の押入に入れてある。破壊が必要になればこれらを使って脱出しようと考えている。）

消防の現有勢力

昼夜を問わず何事かあればすぐに駆けつけてくれる消防。その存在はとても心強い。私たちの暮らしの安全や生命の保全は、根本のところで消防によって支えられている。ところが、消防職員の数は、指針に基づく基準[3]と比べてかなり少ない。充足率は全国平均で77.4％だ[4]。

こうした低い充足率のもとでも24時間の勤務体制を崩すわけにはいかない。加えて、新しい資機材が配備されればその操作法を修得する時間が必要になる。それも絶えず訓練をして、操作に熟達しておかなければならない。現場へ出動してからマニュアルを開くわけにはいかないのだ。また、新しいタイプの災害が発生すれば、その都度それに備える訓練も必要になる。災害が起きるたびに、訓練メニューは増えてゆく。

救助要請の激増にこう立ち向かっている

こうした状況にある消防組織。ひとたび災害が発生して普段の数倍もの救急・救助要請が殺到すればどうなるのだろうか。実際の例を見てみよう。次ページのグラフは熊本市消防局の情報司令課に届いた救急・救助要請の着信数。下の青い部分は日常的な発生件数のレベル。それを超えた数は赤で示してある。熊本地震が発生した4月14日は519件、翌日は576件、2回目の震度7があった16日は1,727件に達した。熊本市消防局が管轄する熊本市、益城町、西原村の3つの自治体だけで、これだけの数の緊急事態が発生した。隣接の自治体を含め、被災地全体では一体どれくらいの数になったのだろうか。

---

3 「消防力の整備指針」平成12年　消防庁
4 「平成27年度消防施設整備計画実態調査」消防庁

このような単独の消防組織では対処できない災害時には、近隣の消防組織や、さらに広域の地域から緊急消防援助隊が急派され、地元消防組織と一体となって救助、救急活動にあたる。熊本地震のときも次のような広域出動態勢がとられた。

まず、14日の地震直後は福岡県、佐賀県、長崎県、大分県、宮崎県、鹿児島県などの緊急消防援助隊が出動。2回目の震度7があった16日には、このほかに、京都府、大阪府、兵庫県、鳥取県、岡山県、広島県、山口県、徳島県、香川県、愛媛県、高知県、沖縄県なども加わった。ほかに、消防航空隊が17の都府県と6つの政令市から被災地に急行し、救出・救急や捜索活動にあたった。このような出動態勢が整えられていることはとても心強く、消防力は私たちにとってのまさに最後の命綱だ。

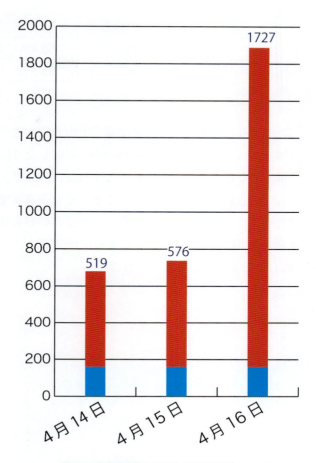

救急・救助要請の119番の着信件数

防災対策のこれから

大災害が起きれば消防の活動レベルは極限にまで急拡大する。これは病院など医療の場でも同じこと。あまりにも多くの負傷者が病院へ集中すれば、トリアージなどを経て治療に辿り行くまでにどのような困難があり、どれくらいの時間がかかるのだろうか。災害時に激増する医療需要については、災害拠点病院や基幹災害医療センターなどの指定が進み、効果的な運用ができる態勢は整えられつつある。一方で、平常時と災害時の間のあまりにも大きな需給ギャップをどう緩和するかについては根本的な解決の方向性は打ち出されていない。

こうした需給ギャップを解消、打開する方策は、一体どの方向を探れば見いだすことができるのだろうか。このことを「防災」という観点から考えてみよう。

まず、地震が起きても壊れにくい、耐震性のある建物はどれくらいあるのだろうか。各省庁が発表している「耐震化率」は以下のとおり。

防災拠点となる公共施設等	88.3%	（総務省消防庁　平成26年）
病　　　院	69.4%	（厚生労働省　平成27年）
公立小中学校	95.6%	（文部科学省　平成26年）
住　　　宅	82.7%	（国土交通省　平成25年）

　このような耐震化率のもとで起きたのが熊本地震であり、結果は救急救助要請と医療需要の激増であった。多くの人が建物の中で死傷したり閉じ込めにあったりした。

　根本的な解決の方策を求めるとすれば、それは、建物内での死亡事故と建物内への「閉じ込め」、「生き埋め」事故をなくすこと。それが実現できれば消防や医療への極端な需要拡大は自ずと小さくなる。自宅の耐震化、室内空間の耐震化を行うのは個人、つまり「私」である。地震発生直後に激増する救助要請や医療需要、そのヤマを低く抑える鍵を握るのは、結局は「私」であることを確認しておこう。

第3 この国土で生きる
対策を行うのは「私」

激変した災害の様相

　この三十年あまりのあいだ、災害の中には、規模、態様ともに、それ以前とは全く異なる様相を見せるものが現れるようになった。規模は巨大化、被害は深刻化している。このことに注目してみよう。

　1995年の阪神・淡路大震災では、多くの木造住宅が倒壊したのをはじめ、鉄筋コンクリートのビルが大破壊を起こした。コンクリート構造物の構築史上初の大災害だ。高速道路や新幹線鉄道の橋桁も落下するなど、それまで誰も想像できなかった被害形態であっただけに、専門家を含め、多くの人の間に衝撃が走った。

　それまで誰も想像できなかったといえば、東日本大震災の津波被害がまさにそれだ。千年に一度の大災害といわれ、人々の記憶や伝承には全くない浸水規模となった。沿岸部にあった都市や町や集落を根こそぎ消失させ、多くの人の命と、営々と築きあげてきた資産を一挙に奪い去った。次々と陸に這い上がり、内陸に向かって突き進む大津波。これだけ規模の大きい津波を、誰がイメージできていたであろうか。その姿を私たちは忘れることができない。いや、忘れてはならず、のちの世代に伝えてゆかなければならない。

　2016年熊本地震は、地震そのものが過去に例がない形で発生した。震度7という激しい揺れに襲われた熊本県益城町では多数の住宅が破壊された。ところが、その同じ町が、およそ28時間後に再び震度7の地震に見舞われた。このような発生パターンは、気象庁の震度データバンクを調べても過去に例がない。1回目の地震で倒壊せず、原形を保っていた住宅の中に、2日目の地震で倒壊したものもあり、これが人的被害を拡大した。

　一方、雨の降り方も様変わりした。2015年9月の関東・東北豪雨による被害形態は、過去の水害の中にはほとんど前例がないものだ。鬼怒川の堤防を越え、海を思わせる大きな幅で町に押し寄せた濁流。流速は速く、白波をたてながら住宅地を襲った。テレビニュースの中に、「まるで津波のようだった」と語る被災者がいた。画面には次のような映像が現れた。

- ・1階部分を水が突き抜け、柱だけが残った住宅
- ・人を乗せたまま流れる車
- ・大海原を思わせる水面の上、電柱の根本につかまって救助を待つ人
- ・大型商業施設の二階で孤立する140人
- ・翌日に至っても、各住宅のベランダにはタオルを振って救助を待つ人の姿
- ・そこから順次吊り上げ救助を行うヘリ

第4章　防災の本質は「災害の未然防止」にあり

・浸水した市役所の前に設置されたプレハブの仮庁舎

　これらは、いずれも東日本大震災の津波被災地を思わせる映像だ。まさに「内陸津波」「内水面津波」と呼べるような光景であった。

　こうした、災害を報じる報道があれば、私たちもそのつど被害状況を目に焼き付け、記憶に残そう。それは、自分たちに危険が迫ったときに、素早い行動を起こす判断力につながるからだ。

日本の風土　その豊かな恵みと苛烈な厳しさ

　厳しい自然条件のもとにある日本列島では、どこで異常な自然現象が起きても、悪条件が重なれば大災害に発展する可能性がある。日本列島はどのような自然条件のもとにあるのだろうか。そのいくつかをあらためて確認しておこう。まず、地震が多発し、火山の噴火による災害も時折発生する背景には次のような事情がある。

■地球を覆う地殻（カラ）は何枚かの板状の部分（プレート）に分かれている。卵の殻に幾筋ものひび割れが入っている状態、それが地球の姿だ。日本列島は、全体がまさにこのヒビの上、「環太平洋地震帯」と「環太平洋火山帯」の上にあり、それ故、日本は世界有数の地震大国であり、火山活動も活発だ。首都圏も地方都市も、とにかく日本列島全体がこの活動帯の上に乗っている。日本列島に与えられた自然条件で第一に挙げなければならないのは、この「地震帯・火山帯の上に位置している」という事実だ。

　日本で起きる地震の数はどれくらいあるのだろうか。2011年1月1日から2016年6月30日までの5年6か月間について気象庁の震度データベースを調べると、震度1以上の地震の総数は22,285回を数える。これを5年6か月の日数で割ると、1日あたり11回あまりの勘定になる。私たちが身を預ける国土は決して「不動の大地」ではない。日々振動し続ける生きた大地なのだ。

■第二に挙げなければならないことは、急峻な地形が国土の相当部分を占めるということだ。これは、他の先進国にはない極めて特異な地勢だ。他国と比べてみよう。例えばアメリカ。大陸西部にはロッキー山脈が南北に走り、まとまった山地を形成しているほか、東部にはアパラチア山脈があり、その中間には広大な平坦地が広がっている。アメリカ大陸を横断する飛行機に乗ると、眼下には、体育館の床を思わせる真っ平らな地形の風景が2時間以上続くところがある。ヨーロッパも基本的には同じだ。ヨーロッパアルプスという巨大な山塊を除けば、それより西にあるフランスや、北に広がるドイツ、チェコ、ポーランド、さらにはロシアに至るまで、所々に山地はあるものの、国土はおおむね平らな形状をしている。農地が広がるなだらかな丘陵の風景、それは、フランス印象派の画家たちが好んで描いた画材でもある。こうした先進諸国の平地面積は、日本よりも遙かに大きい。

　一方、日本の国土はこれと全く異なる姿をしている。国土面積のざっと70％以上が山地だ。

本州には脊梁を成す山がそびえ、標高2千メートル以下は原生林などの植生に覆われている。「ふるさとの山河」という言葉がそうした国土の姿をよく表している。高い山から海へ向かって続く山並みは、沿岸平野部の町と町を分断し、中にはそのまま険しいガケとなって海に落ち込んでいるところもある。険しい地形が、沿岸部の人里にも貫入しているのだ。
■第三に、豊かな降水に恵まれていることも特徴の一つだ。循環する大気は一年を通して天から豊富な水を地上に届け、水は山地に蓄えられる。日本列島を覆う森林は保水マットの役割を果たし、そこから間断なく供給される水は安定した稲作や畑作を約束し、飲料水や工業用水として人間社会を支えている。水道の蛇口をひねればいつでも清潔な飲料水が出てくる。普段私たちは、その有り難さを意識することはほとんどないが、他国は必ずしもそうではないことを思い起こそう。

日本列島はこうした自然条件のもとにある。自然は私たちに恵みをもたらす一方、歯車が狂えば災害となって社会を襲ってくる。豊かな恵みと苛烈な厳しさ、日本の自然はその2つの顔を持っている。

日本人は自然とどう係わってきたか

私たち日本人は、こうした天然自然とどう対話を重ねてきたのだろうか。言葉の面からそれを探ってみよう。「雨」を表す単語は、英語ではrain 1語だけだ。大雨や豪雨を表すにはheavy rainと、2語を費やして表現する。一方、日本語には雨を表す多くの独立した単語があり、それぞれ異なるニュアンスを持つ。国立国語研究所発行の「分類語彙表」を開くと、夕立、時雨（しぐれ）、五月雨（さみだれ）、梅雨など、雨を表す言葉が50語以上並んでいる。中には「慈雨」「恵雨」など、雨への感謝の気持ちをこめた主観語もあり、我々日本人が繊細な感覚で雨と向き合ってきたことがわかる。

さらに、私たちの身の回りにはたくさんの神がいる。一つ一つの山には神がいて、麓には神社や祠が建ち、祭りが行われる。川の淵には龍神が棲み、池やよどみにはカッパがいる。巨木や水田にも神が宿っている。古い家には様々な妖怪が棲む。何という豊かな想像力だろうか。私たちの心の中にこうした想像力を育んできたもの、それが日本の風土だ。

変化に富んだ美しい地形、あざやかな四季のうつろい、多彩な表情を見せる雨や雪、こうしたものは、万葉の昔から、数々の文芸作品や日本画の題材として取り込まれてきた。温泉に恵まれ、四季の変化に富んだ日本。そこに住む私たちは、季節ごとのさまざまな楽しみ方を熟知している。春の花見、夏は海水浴、秋の紅葉狩りや冬のスキーなど、生活を彩る風物の何と豊富なことか。いずれも天からの授かりもので、平安の昔から、日本人はこうした自然の恵みを堪能してきた。日本で生まれたことをつくづく幸せなことと思う。

第4章　防災の本質は「災害の未然防止」にあり

災害への感受性を高めよう

　日本人が持つこのような「豊かな想像力」と「自然に対する鋭い感受性」を、災害の防止へ振り向けて活用すること。それをぜひ考えよう。たとえば、大きな地震被害が発生したとき、家はどのような壊れ方をするのか、家の中はどうなったのか、中にいた人は無事だったのかなど、被害の起こり方に重大な関心を持ち、テレビ映像を深く読む習慣を身につけよう。自分を傍観者の位置に置かず、共感をもって災害を見つめ、自分の身に置き換えて考えることだ。それは、将来自分に降りかかるであろう災害についての想像力を豊かにし、危険に対する洞察力を磨いてゆくことにつながる。

　「自分だけは、まあ、死ぬことはないだろう」という根拠のない楽観論。「災害に遭うのは運命」、「そのとき死んだりケガをしたりするのは運・不運」という運命論的思考。「防災対策は、誰かがやってくれているのだろう」という他人まかせ。そこに安住していれば確かに楽であろう。しかし、それでは家族を守り、自分を守り、事業を守り、社会全体を守ることはできない。楽観論や運命論から抜け出して、地震災害を冷静に見つめ、これを正しく恐れよう。そうすることによって、やるべき事前対策の姿がはっきり見えてくる。それを実行すれば、私たちの生存可能性は大きく向上するだろう。

防災対策を行うのは「私」

　地震災害は、最初の一撃で生死の決着がついてしまう。これが、大雨災害や台風災害と決定的に違うところだ。いつ地震が起きても死傷しない安全な環境を、家庭の中に、事業所の中に、社会全体に作ること。それが実行できるのは「私」だということを、あらためて確認しておこう。

　こう考えてくると、「防災とはこういうものだ」と他人を論破することは難しい。「お前さんはどうなのだ」という反応が返ってくる。防災とは「こうですよ」ということをどこまで論じても、結局は「自分に向けられた矢」となって戻ってくる。これが防災問題を論じるときの難しさだ。

　地震による人身被害は、これを限りなく小さくすることはできる。家庭人としての私、組織人としての私、対策立案者としての私、経営者としての私……、その「私」が強い意志を持ち、有効な事前対策を積んでゆくこと。それがすべてだ。対策の効果に十分な確信を持つことができれば、地震の激しい揺れがいつ始まっても、「私」は、狼狽、動転することなく、落ちついて対処できるだろう。

今日ある命が明日も輝きますように

　地震災害は、ある日突然やってくる。家族を失い、家を失う。思い返せば、きのうまでの暮らしが何と幸せであったことか。しかし時間は不可逆。受け入れがたいが受け入れざるをえな

い……　これは多くの被災地で聞いた言葉である。
　一方で、生き残ったことへの感動を語る人も多い。
「家は失ったけれど、こうして生き残ったことが何よりもしあわせ」
「失った家族は戻らない」「しかし私の心の中で生きている」
「生きていること自体何と不思議なことか」
　極限状態をくぐり抜けて生還した人は、命があることの不思議さや驚きを熱く語っている。個々の命はかけがえのない存在であり、人は誰でも生命体としての輝きを持っている。ある日突然それが途切れることがないように、その輝きが明日も続くように、今日やるべきことを今日やっておこう。

〔追補〕

2016年　熊本地震

過去最悪の発生率となった災害関連死

　2016年熊本地震について、ここで再び触れる。本書の冒頭「第1章第1・2016年熊本地震（暫定値）」は、死者を110人としたうえで論述したが、このデータが発表された6か月後、死者の数は225人（内5人は平成28年6月の豪雨による二次災害死。）に拡大した。（いずれも総務省消防庁の発表。）その理由は、災害関連死が増え続けたことによる。その結果、死者全体の中に占める災害関連死の割合は、2004年の新潟県中越地震を上回る最悪の結果となった。まことに残念と言わざるを得ない。まず、これら2つの地震について、データを確認しよう。

	合計	死者内訳 直接死	関連死
2016年熊本地震＊	225人	50人	170人（75.6％）
2004年新潟県中越地震＊＊	68人	17人	51人（75.0％）

　　＊　消防庁「熊本県熊本地方を震源とする地震（100報）」　平成29年3月31日
　＊＊消防庁「2004年新潟県中越地震（確定報）　　　　　　　平成21年10月21日

　死者のうち直接死は、家屋の倒壊や土砂災害などで、地震の発生とほぼ同時に命を落としたとみられるケース。一方の災害関連死は、避難生活の中で、ストレスによって引き起こされる脳や心臓、肺などの急性疾患や、もともとあった持病が悪化するなどの理由で死に至った事例である。

災害関連死多発の背景

　災害関連死がこれほど高率で発生することはまれで、過去の大きな地震災害の中で、これら2つの地震は発生率が突出している。その背景と思われる事柄を探ってみよう。
　まず、両地震とも、大きな余震が長く続いたことが挙げられる。震度4以上の地震は、熊本地震では4か月以上続き、回数は130回を数える。新潟県中越地震のときは3か月弱の間に74回であった。こうした厳しい環境に置かれたとき、「今夜はどこで寝れば安全なのだろうか？」ということが、人々の心に日々重くのしかかっていたことだろう。
　もう一つ、避難者の数が多かったこと、とくに熊本地震では、その数は新潟県中越地震の3倍にのぼったことに注目しよう。
　消防庁の調べでは、最大避難者数は、新潟県中越地震では64,895人、熊本地震では183,882人

であった。ただし、これは開設された避難所に入った人の数であって、実際の避難者数はこれらを上回ることが知られているが、その数は不明である。被災地に入るたびに筆者が目にしたものは、自家用車の中で寝泊まりをする多くの家族の姿であった。ほかに、庭など自宅の敷地内に板囲いをして雨露をしのいでいる人、駐車場などにテントを張って暮らしている家族など、建物の外での避難生活者は実に多い。熊本地震のあと、激しい雨が何回となく被災地を襲ったが、そのたびに、こうした屋外避難者の健康が損なわれないかと筆者は気をもんでいた。

避難所に入らない、あるいは入れない理由は様々だ。例えば赤ちゃんや幼児を抱えた家族は、泣き声が迷惑になるのではないかと、避難所入りを断念する。ペットを連れた人も同じ選択をする。こうした様々な事情で避難所に入らない人は、頻発する余震のさなか、車中泊やテント生活などで不安定な日々を送ることになった。日本に住む以上、私たちはいつ避難者になるかわからない。そうなったとき、家族状況やペットの有無によって、自分は避難所入りをためらうことになるのかどうか、いちど考えてみよう。

災害関連死を出さない決意を固めよう

長期にわたる避難生活は心身に過重なストレスを与え続け、健康を損なうことに繋がる。さらに、体を動かさないでいることによるエコノミークラス症候群は死に至ることがあるので、これだけは何としても防ぎたい。脚を折り曲げたままの窮屈な姿勢を長時間続けたり、歩かないでいたりすると、脚のふくらはぎの中を通る静脈に血栓が形成されることがある。これが成長し、その一部が千切れて体内を移動、肺動脈に達するとそこを詰まらせてしまう。こうなると、肺への血流が止まる。それはそのまま酸素を全身に供給する機能の停止を意味し、手当てが遅れると死に至る。

これを防ぐためにはつとめて体を動かすこと、とくに歩くことが欠かせない。ふくらはぎの筋肉は、歩くことで一歩一歩収縮と弛緩を繰り返す。それは、中を通る静脈が血液を心臓に向けて送り出すポンプの運動でもある。脚は「第二の心臓」といわれるゆえんだ。二足歩行を行う人類は、日々歩くことを運命づけられているのかも知れない。

2004年の新潟県中越地震以来、避難所では体操指導も行われるようになってきているが、分散した車中泊者については組織的な取り組みは行われていない。車を一台一台訪問してパンフレットを手渡す動きはあるが、実行するかどうかは避難者次第である。

災害関連死をこれ以上出さないために、まずは私たち自身がこのことをよく理解しておくことが大事だ。不幸にして車中泊生活が現実のものになったときは、一日何回かは車から出て体を伸ばし、歩くこと。それも、何台かの車同士で声をかけ合い、励まし合いながら歩くことができれば災害関連死は大きく減らせる。地震の第一撃を無事にかわしたあとで、災害関連死への道を辿ることになるのはあまりにも残念。せっかくの命の炎が消えかかることがないように、今後は災害関連死を出さない決意を固めよう。

あとがき

　本書は地震災害時の死傷データをもとに構成しました。ところが、個々の死傷事例を探し出し、収集すること自体が大変困難でした。過去の記録の探索については被災県の担当部局や消防機関などの手を煩わせることになり、東京消防庁、福岡市消防局、静岡県危機管理部、石川県危機管理監室など数多くの機関からご協力をいただきました。熊本地震の発生時には、熊本市消防局が取材に応じてくださり、様々な情報や写真のご提供もありました。

　本書を構成する重要な要素の一つとなったものの中に、被災した方々の証言と、提供してくださった記録や写真の数々があります。被災者自身が撮影した写真には災害の実像が写し込まれています。写真を深く読み、事故の背景や本質に迫ることを心がけました。

　さらに、日本建築学会や他の研究機関、研究者から提供のあった報告や論文は、本書の論旨を支える強力な裏付けとなりました。新潟大学医学部の榛沢和彦博士、（公財）小千谷総合病院の横森忠紘院長（当時）、静岡県建築住宅局の松下明生氏、静岡県河川砂防局の杉本敏彦氏など、多くの皆様からは直接ご指導をいただくことができ、これが、災害に対する私の理解と認識を一層深いものにしました。執筆に係わってくださったこれらすべての方々にお礼申し上げます。

　ここで私自身のことをお話しします。アナウンサーとして、ディレクターとして働いたＮＨＫ時代は、4回の航空機事故をはじめ、コンビナート災害や地震災害などの現場を取材する多くの機会を得ました。集めた関係資料はその都度整理・保存する、このことを当時からずっと続けています。退職後も災害が起きるたびに現地に入り、そこで得た調査結果を論文にまとめ、おもに日本災害情報学会などで発表してきました。

　こうした災害記録と論文とを縦軸にしてまとめたものが本書です。その狙いは、事故による犠牲者を減らすことです。過去の災害事例から学び、同種の事故を繰り返さない手立てを確立すること、これが、長年取り組んできた私のライフワークです。

　ところが、執筆を始めると、過去の被害地震の中に、私自身の記憶が薄れ始めているものがあることに気付きました。被害地震は次々に起き、十分な検討が終わらないうちにまた新しいタイプの地震が起きる。この繰り返しが、以前の地震の印象をどんどん薄くしてゆく理由であるようです。自戒の意味もふくめ、本書の半分以上は過去の被害地震の整理と分析に充てました。発生日時には曜日と時刻も加え、追検証に便利な形にしました。私自身もときどきここに立ち戻って復習するつもりです。

　この三十数年、啓発活動にも取り組んできました。中でも静岡県袋井市で2006年から始めた

巡回講座は特別想い出深いものです。袋井市には家具固定に対する助成制度があり、実行態勢も整っていますので、その骨子をご紹介します。

　固定作業の施工費は、家具を6台留めたときは3万円。このうちの2万5千円を市が助成し、残り5千円は申込者の負担となります。作業は、まず施工する大工さんが2人1組で下見に行き、留める場所を確認。後日、必要な材料を切りそろえた上で実行。短時間の作業で完了します。この行政サービスは、袋井市民であれば誰でも受けることができます。

　こうした先進的な制度があることを地元袋井市民に広く知ってもらうために、大きな講演会を1回開くだけでは不十分と考え、各地区にある公民館や集会所にこちらから出向いていくやりかたを打ち出しました。活動は、市と自治会連合会、それに外部専門家（私）の3者が協力して行う方式「袋井市まちづくり協働事業」として行いました。各町内会には、日取りを決め、会場を用意するなど、「受け皿作り」の役割を担っていただきました。当日、そこでは室内災害のこわさを記録した映像を上映、家具固定の必要性を訴えたうえ、市が制度の説明を行い、申込書を配って家具固定事業の推進をはかったのです。地震による死傷者を大きく減らすために、このような方式が全国に広がってくれればと、私は願っています。

　ところで、私には十数年の付き合いとなる3人の共同研究者がいます。災害が起きるたびに一緒に被災地に入り調査を行ってきました。行程は数万キロに及びます。共同撮影した写真の何枚かは本書に収載しました。この仲間の励ましがなければ本書は成立していなかったでしょう。その仲間たち、建築士の福島孝幸、静岡県女性防火クラブ連絡協議会会長の鈴木政子、同副会長の木村淑恵、以上の3氏を、この場を借りて紹介させていただきます。

　本書の出版を引き受け、制作を手がけてくださった近代消防社の三井栄志代表取締役と堀田実専務取締役にはたびたびご指導をいただきました。お蔭様で美しい仕上がりの本になりました。ありがとうございました。

　2017年4月

中川　洋一

参 考 文 献

坂本　功「木造建築を見直す」岩波新書　2002年
くらし文化研究所編「安心の住まい学」トーソー出版　1995年
西岡常一・小原二郎「法隆寺を支えた木」ＮＨＫブックス　1978年
濱田政則「液状化の脅威」岩波書店　2012年
河田恵昭「津波災害」岩波新書　2010年
目黒公郎「間違いだらけの地震対策」旬報社　2007年
畑村洋太郎「失敗に学ぶものづくり」講談社　2003年
力武常次「地震予知」中公新書　1974年
石橋克彦「駿河湾大地震の予知と防災」地震学会　1976年
石橋克彦「阪神・淡路大震災の教訓」岩波ブックレット　1997年
鈴木ひとみ・杉原仁美「よくわかる建築基準法」日本実業出版社　2011年
天野　彰「地震に勝つ家負ける家」山海堂　1995年
井上恵子「大震災・大災害に強い家づくり・家選び」朝日新聞出版　2011年
斉藤大樹「耐震・免震・制震のはなし」日刊工業新聞社　2011年
斉藤大樹「地震と建物の本」日刊工業新聞社　2013年
鹿島「超高層ビルのしくみ」講談社　2010年
アマンダ・リプリー「生き残る判断　生き残れない行動」光文社　2011年
広瀬弘忠「生存のための災害学」新曜社　1986年
ガリレオ・ガリレイ「静力学について」鹿島出版会　2007年
和田純夫「プリンキピアを読む」講談社　2013年
ウォルター・ルーウィン「これが物理学だ！」文芸春秋社　2012年
ＨＯＹＡ「ガラスあれこれ」東洋経済新報社　1986年
静岡県「東海地震についての県民意識調査」1984年～2001年
静岡県「落下倒壊危険物に関する安全度調査報告書」1988年
㈶静岡総合研究機構防災情報研究所「東海地震に備える企業の地震防災対策」近代消防社　2002年
東京大学新聞研究所「巨大地震と東京都民」1987年
仙台市「'78宮城県沖地震Ⅰ災害の記録」1979年
仙台市「'78宮城県沖地震Ⅱ被害実態と住民対応」1979年
仙台市「'78宮城県沖地震Ⅲ教訓と防災都市」1979年
仙台市「震度Ⅴ'78年宮城県沖地震体験記集」1982年

参 考 資 料

総務省消防庁「熊本県熊本地方を震源とする地震（第76報）」「同（第100報）」
総務省消防庁「平成23年東日本大震災について（第155報）」
総務省消防庁「駿河湾を震源とする地震（第23報）」
総務省消防庁「平成20年岩手・宮城内陸地震（第79報）」
総務省消防庁「岩手県沿岸北部を震源とする地震（第25報）」
総務省消防庁「平成19年能登半島地震（第49報）」
総務省消防庁「平成19年新潟県中越沖地震（確定報）」
総務省消防庁「福岡県西方沖を震源とする地震（確定報）」
総務省消防庁「平成16年新潟県中越地震（確定報）」
総務省消防庁「平成15年宮城県北部を震源とする地震（確定報）」
総務省消防庁「平成15年十勝沖地震（確定報）」
総務省消防庁「平成13年芸予地震（確定報）」
総務省消防庁「平成12年鳥取県西部地震（確定報）」
総務省消防庁「阪神・淡路大震災について（確定報）」
総務省消防庁「消防力の整備指針」平成12年
総務省消防庁「平成27年度消防施設整備計画実態調査」
中央防災会議「東北地方太平洋沖地震を教訓とした地震・津波対策に関する専門調査会報告参考図表集」
国立研究開発法人・港湾空港技術研究所（GPS波浪計の記録）
厚生省大臣官房統計情報部「人口動態統計からみた阪神・淡路大震災による死亡の状況」
内閣府・防災情報のページ「阪神・淡路大震災　教訓情報資料集」
国土交通省関東地方整備局・公益社団法人地盤工学会「東北地方太平洋沖地震による関東地方の地盤液状化現象の実態解明報告書」平成23年
国土交通省　「住宅・建築物の耐震化に関する現状と課題」
科学技術庁国立防災科学技術センター「1978年宮城県沖地震による災害　現地調査報告」昭和53年
消費者庁消費者安全課［消安全第278号］平成22年
宮野道雄・土井正「兵庫県南部地震による木造家屋被害に対する蟻害・腐朽の影響」1995年
東京消防庁「平成19年能登半島地震調査報告書」平成19年
東京消防庁「平成16年新潟県中越地震における人身被害に関する現地調査結果（速報）」
東京消防庁「宮城県北部を震源とする地震および平成15年十勝沖地震における負傷者実態分析のあらまし」平成16年
東京消防庁「速報　新潟県中越地震の負傷者実態と都民アンケート結果」
静岡県「静岡県第4次地震被害想定」
静岡県「静岡県地震速報（第21報）」
岩手県総合防災室「岩手県沿岸北部を震源とする地震に伴う対応状況」
新潟県「新潟県中越沖地震による被害状況について（第284報）」

兵庫県「阪神・淡路大震災の死者にかかる調査について」平成17年
鳥取県「震災誌・2000年鳥取県西部地震」
大崎市「東日本大震災の記録」平成26年
登米市「東日本大震災による被害状況等について（第99報）」
浦安市教育委員会「東日本大震災発生時における学校の対応等調査報告のまとめ」
福岡市「福岡県西方沖地震記録誌」
福岡市消防局「消防年報平成17年版」
日本建築学会「2007年新潟県中越沖地震災害調査報告」
日本建築学会「2004年10月23日新潟県中越地震被害調査報告書」2006年
日本建築学会建築計画委員会「阪神淡路大震災　住宅内部被害調査報告書」
小千谷市魚沼市川口町医師会「新潟県中越大震災　小千谷市魚沼市川口町医師会の医療活動の記録」
㈳全国家具工業連合会「据え付け家具・マニュアル（平成6年版）」
ほかに……
気象庁「震度データベース」
ＮＨＫ放送文化研究所「国民生活時間調査」
など

索　引

英字

DMAT　23
L字金具　84, 159-161

あ

生き埋め　8, 74, 77, 182
一次避難　102
医療機関　23, 67, 97, 170
医療需要　181, 182
インフラ　28, 52
埋め立て　51, 136
運命論　186
液状化現象　51
液状化被害　56, 136
エコー検査　21, 93
エコノミークラス症候群　21, 91-94, 189
絵に描いた餅　171, 176
エレベーター　9, 88, 99
応急危険度判定　18, 84, 86, 113, 142
大雨災害　135, 186
大津波　29, 38, 43, 45-47, 183
大津波警報　39, 41, 50
屋外空間　149, 166
屋外構築物　148
屋外転倒物　147
奥行き　152-154, 160
オフィス　166, 176

か

海面上昇　172
家具固定　71, 156, 158, 160, 164, 166
家具製造業界　162
家具転倒　152, 154

がけ崩れ　132, 133
家財道具災害　151
下肢静脈血栓症　93
仮設住宅　28, 113
仮設トイレ　109
ガソリンスタンド　171
家庭内対策　169
ガラス関与型　65, 70
ガレキ　10, 12, 31, 36-41, 142
簡易トイレ　52
環太平洋火山帯　184
環太平洋地震帯　184
蟻害　129
基幹災害医療センター　181
気象庁震度階　156
既存不適格　139, 145
帰宅困難者　53
キッチン　4, 5, 16, 18, 83, 94, 145, 162, 170, 174, 175
キャビネット　39, 176
急傾斜地崩壊危険区域　133
救助工作車　23
旧耐震基準　13-15, 145
緊急消防援助隊　48, 181
緊急避難場所　172
空間軸　170, 171
空間の耐震化　150, 166, 169, 182
空間の耐震性　95, 149, 166, 170, 171, 176
クラッシュ・シンドローム　11, 12
クロスチェック　79, 140
建築基準法　13, 140, 141, 145
国際緊急援助隊　48
固有周期　140
コンクリート構造物　127, 183
コンクリート擁壁　22

索 引

さ

災害関連死　21, 48, 49, 77, 89, 92, 94, 188, 189
災害救助法　153
災害拠点病院　181
災害直接死　21
在来工法　3-6
シェルター　179
自家発電　99, 100
時間軸　45, 167-171
自己転倒　63, 64, 70, 71, 81
自主防災組織　169
地震計　94, 158
地すべり　113, 115, 132, 133, 174
地すべり等防止法　133
自然斜面　134
自然地形　56
自損事故　70-72, 175
室内空間　157, 166
室内災害　18, 58, 62, 70, 71, 75, 120, 126, 128, 139, 150
室内転倒物　147
室内被害　19, 78, 94, 124, 153, 178
地盤の液状化　51, 53, 57, 136, 137
車中泊　3, 4, 6, 21, 92, 93, 109, 110, 115, 189
重心位置　152-154
需給ギャップ　181
消防航空隊　88, 181
初期消火　168
書棚　19
食器棚　4, 5, 18, 20, 66, 85, 86, 94, 95, 126, 150, 152-154, 156, 166, 170, 175
ショック　26, 41, 67, 90-92, 128, 148
自力脱出　13, 88
シロアリ　12, 129, 141, 143
新・新耐震基準　145
人工地盤　51
人工斜面　134

人工造成地　51
寝室　5, 6, 20, 61, 64, 125
人身被害　47, 67, 70, 95, 119, 124, 186
新耐震基準　15, 17, 145
心的動揺　63, 71, 150
人的被害　2, 74, 87, 122, 183
震度データベース　22, 184
据え付け家具　162, 164
ストレス　21, 76, 77, 90-92, 94, 188, 189
生存可能性　186
生存空間　12, 13, 28, 77-79, 86, 96, 126, 128, 169, 174, 175, 178-180
想定浸水域　45, 166, 167

た

耐震化率　181, 182
耐震基準　12, 13, 141, 145
耐震診断　13, 24, 141, 142, 144, 145, 176, 178
耐震ベッド　179
耐震補強　24, 166, 178
第二の心臓　189
高床式　94, 112
脱出ルート　13, 28, 180
タンス　4, 7, 19, 60, 61, 64, 78, 82, 83, 119, 125, 152-156, 162, 166
チェーンソー　10
ツーバイフォー　158
突っ張り棒　20
津波避難タワー　171-173
転倒防止　166, 170, 177
閉じ込め　7, 9-13, 24, 28, 88, 123, 124, 127, 128, 173, 175, 180, 182
土砂災害　71, 74, 75, 92, 132, 133, 135, 136, 147, 190
土石流　75, 114, 132-135
トリアージ　102, 181

索　引

な
内水面津波　184
内陸津波　184
南海トラフ巨大地震　172
乳酸リンゲル液　11

は
肺血栓塞栓症　21
肺塞栓症　21，92-94
肺動脈　21，91，189
ハザードマップ　135，172
避難計画　135
避難通路　173
プレート　184
ブロック塀　80，81，87，122，147-150，171
ペット　109，188，189
防災行動中　65
防災対策　32，39，167-169，171，176，181，186
防災ベッド　179
防潮堤　42，43
補強材　158-161

ま
免震構造　105，107，108
免震住宅　146
免震装置　146

や
ヤケド　80-82，87，150
山崩れ　132
輸液　11
要注意宅地　17

ら
落下物災害　147，155
リビング　3，8，10
冷蔵庫　5，18，19
ロスタイム　173

著者略歴

中川　洋一（日本災害情報学会会員　地域安全学会会員）
（なかがわ　よういち）

立教大学経済学部卒業と同時にNHKに入局。名古屋放送局チーフ・アナウンサーなどを経て報道番組部チーフ・ディレクターに転じ、報道番組の制作に従事。定年後は浜松学院大学と常葉学園短期大学で教鞭に立つ。この間、静岡県地震防災センター評議員、㈶静岡総合研究機構防災情報研究所外部研究員、静岡県立大学防災総合講座講師などを務めた。

主な論文は以下のとおり。

「地震予知における防災モデルの提案」1999年　日本災害情報学会
「鳥取県西部地震速報・産業と行政への影響」2000年　カリフォルニア州立大学
「鳥取県西部地震・住宅内部被害の一事例」2000年　静岡県防災情報研究所
「緊急報告・兵庫県明石市歩道橋事故」2000年　日本災害情報学会
「新潟県中越地震・小千谷総合病院の被害」2005年　日本災害情報学会
「駿河湾の地震・死傷原因の傾向と課題」2009年　日本災害情報学会

編集・著作権及び
出版発行権あり
無断複製転写禁ず

データと写真が明かす **命を守る住まい方**
地震に備え　生存空間を作ろう

定価（本体2,600円＋税）
（送料実費）

著　者　中 川 洋 一

発　行　平成29年5月15日（初版第1刷）

発行者　株式会社　近 代 消 防 社
　　　　三 井 栄 志

〔発 行 所〕

株式会社 近 代 消 防 社

〒105-0001　東京都港区虎ノ門2丁目9番16号
　　　　　　　（日本消防会館内）
　　　　TEL（03）3593-1401㈹
　　　　FAX（03）3593-1420
　　　　URL　http://www.ff-inc.co.jp

〈振替　東京00180-6-461　　00180-5-1185〉

ISBN 978-4-421-00896-8　〈落丁・乱丁の場合は取替えます。〉　2017Ⓒ